G. FLEIG et J. PASTURAUD

Notes de Chimie Pathologique

2e ÉDITION

BOULANGÉ, LIBRAIRE A PARIS

NOTES
DE
CHIMIE PATHOLOGIQUE

NOTES

DE

CHIMIE PATHOLOGIQUE

à l'usage

Des Candidats au Troisième Examen de Doctorat
et du Praticien

PAR

G. FLEIG et **J. PASTURAUD**

DEUXIÈME ÉDITION REVUE & AUGMENTÉE

(7 figures dans le texte)

PARIS
LIBRAIRIE ALEX. COCCOZ
CH. BOULANGÉ, SUCCESSEUR
11, RUE DE L'ANCIENNE-COMÉDIE, VIe

1906

AVANT-PROPOS

DE LA PREMIÈRE ÉDITION

Notre but, en présentant ce petit livre à nos camarades, est de tenter de leur être utile en leur épargnant le désagrément — nullement exceptionnel — d'un échec à l'épreuve pratique de la seconde partie du troisième examen. La chimie pathologique y représente, en effet, une cause d'élimination des plus sérieuses, et nous avons vu maintes fois tel candidat, brillant en parasitologie, rester muet devant un uréomètre !

Les gros traités d'urologie et de chimie médicale ont certes leur utilité pour les étudiants de 3e et de 4e année ; leur lecture nous paraît même indispensable.

Mais il est de toute nécessité de revoir, à la veille de l'examen — dans leurs grandes lignes et cependant *d'une façon très précise* — les principaux faits, ceux qui intéressent directement *les cliniciens*, que nous devons être avant tout.

Or, il n'existe pas, à l'heure actuelle, d'ouvrage concis, de lecture rapide, réunissant l'ensemble des connaissances de chimie pathologique strictement utiles au praticien et répondant en même temps au programme du troisième examen.

C'est cette lacune que nous avons voulu combler. Nous avons réuni, dans ce but, les notes prises jadis par nous aux travaux pratiques de la Faculté. Nous les avons complétées à l'aide d'emprunts faits aux excellents traités de nos maîtres, qui nous les pardonneront sans doute en faveur de nos bonnes intentions. Notre modestie ne nous permet pas de parler des données personnelles, que nous avons d'ailleurs réduites au minimum afin de ne pas entraîner trop loin nos lecteurs.

Nous nous sommes efforcés de n'indiquer *que les procédés les plus simples et les plus pratiques*, éliminant volontairement les manuels opératoires complexes, la description d'appareils délicats dont l'emploi n'est possible que dans les laboratoires. Nous nous sommes cantonnés dans le domaine des faits dûment contrôlés et consacrés par l'expérimentation, sans oublier les théories les plus récentes de nos grands cliniciens et dont l'application a déjà fait ses preuves.

Nous avons l'espoir d'être favorablement accueillis parce que notre opuscule a sa raison d'être. Rédigé en vue de l'étudiant, il pourra rester entre les mains du praticien, qui y trouvera, — avec le souvenir de ses examens passés —, un résumé clair et succinct de ses études chimiques, et, nous osons l'espérer, un guide utile dans quelques circonstances de la carrière médicale.

Octobre 1904.

PRÉFACE

DE LA DEUXIÈME ÉDITION

Merci à nos nombreux amis et lecteurs de l'accueil sympathique qu'ils ont fait à notre modeste ouvrage. En moins d'une année, en effet, les cinq cents premiers exemplaires ont été épuisés.

Aussi avons-nous mis tout notre soin à revoir, dans ses moindres détails, notre seconde édition. Nous avons éclairci les points qui avaient pu paraître obscurs, et apporté quelque développement aux chapitres que notre volonté primitive d'être concis nous avait fait présenter sous la forme la plus simple.

Nous sommes heureux d'avoir atteint le but que nous nous étions proposé, et nous osons espérer que cette seconde édition sera aussi favorisée que son aînée.

G. Fleig et J. Pasturaud

Octobre 1905.

CHAPITRE I

URINE

« Le rein sécrète, par un mécanisme dont l'étude relève de la physiologie, un liquide — l'urine — chargé de sels minéraux et de déchets azotés qui résultent de l'activité chimique des tissus aussi bien que de la destruction progressive des substances quaternaires introduites dans l'économie à titre d'aliment.

A *l'état physiologique*, l'urine sert de véhicule à peu près exclusif aux produits azotés de la désassimilation. Toutes les causes qui modifient l'intensité ou la nature de cet ordre de phénomènes nutritifs retentissent sur la composition chimique de l'urine.

A *l'état pathologique*, le rein élimine encore des composés chimiques très divers : sucres, albumines, acétone, ptomaïnes, toxines, pigments, sans parler des ferments solubles ou figurés, des éléments histologiques empruntés au sang, à la lymphe ou aux voies urinaires, des parasites de toute nature, *etc*.

C'est de la dépendance étroite qui relie la composition chimique des urines aux variations normales ou pathologiques de la nutrition que découle toute l'importance de l'urologie comme procédé d'investigation ou comme élément de diagnose. » (Testut).

1.

I. — URINE NORMALE

a) Ses principaux caractères.

Volume (en 24 heures)..	1200 à 1400 cc.
Aspect.................	limpide.
Couleur................	jaune ambré.
Odeur..................	*Sui generis.*
Consistance............	fluide.
Dépôt..................	léger, incolore,
Densité (à 15° centigr.)..	1016 à 1022.
Réaction...............	franchement acide.
Pouvoir rotatoire.......	lévogyre.

b) Ses principaux éléments.

	Grammes par litre.	Grammes par 24 h.
Eau.....................	960	1300
Urée....................	25,	33
Acide urique.............	0,40	0,50
Acide hippurique..........	0,50	0,65
Créatinine...............	0,80	1
Xanthine et analogues.....	0,04	0,05
Pigments. Matières extractives..................	4,50	5,85
Acides gras fixes ou volatils.	0,010	0,012
Acide oxalique. Glucose....	0,017	0,020
Acide lactique, etc........	0,008	0,010
Phénosulfate... / Indoxylsulfate. / Scatoxylsulfate. } de potassium	traces à quelques milligr.	
Chlorure de sodium.......	10,50	13,50
Sulfates alcalins..........	3,1	4,03
Phosphates (terreux et alcalins)..................	2,20	2,85
Sels ammoniacaux........	0,70	0,91
Silice. Fer. Azotates. Gaz : CO^2, O, Az..............	traces.	

Ce tableau n'indiquant que des chiffres moyens, il est utile de mentionner les modifications que peuvent subir les caractères de l'urine et aussi les proportions des corps dont elle est constituée, tant à l'état physiologique que pathologique.

A) CARACTÈRES DE L'URINE

Volume. — Normalement, en moyenne.. { 1200 cc. chez la femme. 1400 cc. chez l'homme.

Il peut être *augmenté physiologiquement*, par l'*ingestion de grandes quantités de liquide*, de certaines substances *diurétiques*, par *l'action du froid sur la circulation périphérique.*

Pathologiquement, au cours du *diabète sucré*, le volume de l'urine peut atteindre un taux très élevé : 6, 8, 10 litres par jour et même davantage.

Il est *diminué* à la suite d'une *sudation abondante* (*grandes chaleurs*, *exercices violents*).

Les *vomissements répétés* agissent dans le même sens, par déshydratation de l'organisme.

Un grand nombre *d'états pathologiques* (*intoxications*, *fièvres graves*) s'accompagnent d'une oligurie très marquée, pouvant aboutir à l'anurie absolue.

Dans d'autres cas, l'oligurie et l'anurie sont l'indice d'une *lésion de l'appareil urinaire*.

Le début de la convalescence des maladies aiguës fébriles est annoncé, en même temps que par la chute de la température, par une *diurèse abondante* (*crise urinaire*), toujours d'un bon pronostic.

La *toxicité urinaire* est, à l'état normal, en rapport inverse du volume d'urine excrété.

— *Pathologiquement*, au contraire, pendant la période d'état des maladies aiguës fébriles — de la pneumonie, par exemple —, l'urine, très peu abondante, est *hypotoxique* ; au moment de la crise urinaire, l'urine, bien plus abondante et chargée de toutes les matières toxiques retenues au cours de la maladie, est *hypertoxique*.

Aspect. — Normalement, l'urine est limpide au moment de la miction ; par refroidissement, elle se trouble et donne naissance à un léger dépôt.

Une urine *trouble d'emblée* est toujours pathologique.

Telles sont les urines du *catarrhe vésical, les urines purulentes, les urines chyleuses*.

Couleur. — Jaune ambré normalement. Le *degré de concentration, les états pathologiques, l'ingestion de certaines substances, la présence du sang, etc.*, modifient la coloration des urines, qui peut varier du jaune le plus clair au brun foncé.

La coloration de l'urine normale est due à la présence de *pigments*, en particulier de l'*urochrome* (*pigment jaune*).

On a cherché à déterminer scientifiquement le degré de coloration des urines au moyen du *colorimètre*, en se servant d'une solution type de perchlorure de fer. Mais ces recherches n'ont rien indiqué de bien intéressant.

On peut résumer en un court tableau les principales modifications apportées à la coloration de l'urine par les états pathologiques et l'absorption de certaines substances.

Diabète	Urines très pâles.
Hystérie (après crises)... Etats nerveux Polyurie émotive	Urines à peine colorées (*Urines nerveuses*.)
Fièvre	Urines plus ou moins rouges.
Chylurie	blanchâtres, opalescentes,
Hématurie	rouge sang,
Métémoglobinurie Malaria Cancers mélaniques Intoxication phénolée... Absorption de salicylates. Absorption de résorcine.	de teinte brune
Absorption de séné, de santonine, de rhubarbe.	jaunes; deviennent rouges en présence de la pot. caustiq.

Odeur. — Rappelant l'*odeur affadie de l'amande amère* (Hugounenq). Un grand nombre de causes physiologiques et pathologiques peuvent la modifier :

On connaît la mauvaise odeur des urines émises après l'ingestion d'*ail*, de *tomates*, d'*asperges*.

Dans ce dernier cas, elle est due à un produit sulfuré volatil, le *méthylmercaptan* (CH^3SH).

Un certain temps après son émission, l'urine subit la *transformation ammoniacale*, due à la décomposition de l'urée en carbonate d'ammoniaque, et répand une odeur caractéristique.

L'absorption de *certains médicaments* et *quelques états pathologiques* modifient aussi l'odeur de l'urine :

Dans le catarrhe vésical......	odeur ammoniacale. *Dans ce cas, l'acide chlorhydrique y produit une effervescence.*
Cancer de la vessie......... Cystite purulente............	odeur fétide.
Absorption de { thérébenthine. / cubèbe....... / copahu....... / safran........ }	odeur de violettes ou aromatique.

Consistance. — L'urine normale a la consistance des *solutions salines faibles*. Les modifications en sont très peu marquées en général, et toujours dues à des causes pathologiques.

Dépôt. — L'urine normale, exposée à une basse température, laisse déposer un *sédiment* essentiellement constitué par du mucus, des urates, des oxalates.

Dans les cas pathologiques, ce dépôt, à peine marqué normalement, prend une teinte rouge ou brun jaune plus ou moins accentuée.

L'*examen microscopique* y décèle alors, indépendamment des éléments le plus fréquemment rencontrés : des *globules sanguins*, du *pus*, des *cylindres*, des *cellules épithéliales*.

Le *sable urinaire* du début de la gravelle se dépose en couche rougeâtre au fond du vase. On y trouve des *urates*, des *oxalates*, des *phosphates*.

Densité. — 1016 à 1022. Varie : en raison directe de la concentration de l'urine et de sa teneur en éléments dissous, en raison inverse de son volume, au moins en général.

Cette dernière proposition n'est pas exacte dans le cas des urines des diabétiques, lesquelles, quoique très abondantes, ont une densité augmentée par leur teneur en sucre. Il en est de même pour certaines urines albumineuses.

Réaction. — Normalement *acide* chez l'homme, comme chez les carnivores.

Cette acidité *s'accroît par une alimentation carnée. Elle s'abaisse* au contraire parfois *jusqu'à faire place à la réaction alcaline*, à la suite d'une *alimentation végétale* : Les urines des herbivores sont franchement alcalines. Ce fait est dû à la combustion dans l'économie des sels de potasse très abondants dans les végétaux.

Les urines deviennent alcalines également *pendant la digestion stomacale*, surtout après un repas abondant. Cela tient à l'élimination de quantités notables d'acide chlorhydrique libre par la muqueuse gastrique.

L'acidité urinaire est *augmentée* par le *jeûne*, les *états fébriles*.

Il se produit parfois un phénomène auquel on a donné le nom de *réaction amphotère*.

L'urine rougit le papier de tournesol bleu, et bleuit le papier rouge. Cette particularité est due à la présence de *quantités équivalentes des deux phosphates mono et di-sodiques* (PO^4H^2Na, PO^4HNa^2).

Agents de l'acidité urinaire. — Cette acidité est due à un *certain nombre d'acides libres ou combinés*. Les éléments prédominants sont : PO^4H^2Na, provenant de l'action de l'acide urique sur PO^4HNa^2 ; *les urates acides* ; *l'acide urique* lui-même ; *l'acide hippurique* ; *certains acides* *aromatiques ; des traces d'acides gras ; CO^2 libre ou combiné.*

MESURE DE L'ACIDITÉ URINAIRE

On évalue arbitrairement l'acidité urinaire en acide chlorhydrique. Le *degré d'acidité normale* oscille entre 1 gr. 15 et 2 gr. 3 par 24 heures.

Pour *doser l'acidité* de l'urine, on se sert d'une *solution de sucrate de chaux.*

1° *Déterminer le titre exact de cette solution.*

Pour cela, mettre dans un verre : *10 cc. de SO^4H^2 décinormal + 2 gouttes de phtaléine.*

Dans une burette graduée on a mis la solution de sucrate de chaux. On en fait tomber goutte à goutte dans le verre jusqu'à ce qu'on obtienne un *précipité persistant.* On note la quantité versée : *n.*

2° On opère de même *en faisant couler le sucrate ainsi titré dans 20 cc. d'urine.*

On note cette nouvelle quantité lue sur la burette : *n'*.

3° On déduit le titre de l'acidité urinaire de la formule $\frac{n' \times 4,9 \times 50}{100 \times n}$ (1), qui donne le résultat par litre.

Il faut savoir d'ailleurs que cette méthode ne donne que des résultats approximatifs.

Pouvoir rotatoire. — Examinées au polarimètre, les urines normales affectent toujours *un*

---

(1) Le chiffre 4,9 représente le vingtième du poids moléculaire de l'acide sulfurique *qui est bibasique.*

très léger pouvoir rotatoire lévogyre, variant de : $\pm$ 0°,0' à — 0°,5.

Ce pouvoir lévogyre peut *s'élever notablement dans le coma diabétique, l'albuminurie.*

La *présence du sucre* confère à l'urine un pouvoir rotatoire *dextrogyre*.

B) ÉLÉMENTS DE L'URINE

ÉLÉMENTS NORMAUX

Extrait sec : Représente la somme totale des *cendres + matières organiques*.

Les deux derniers chiffres de la densité de l'urine multipliés par 2,33 donnent approximativement le poids d'extrait sec par litre (*Häser*).

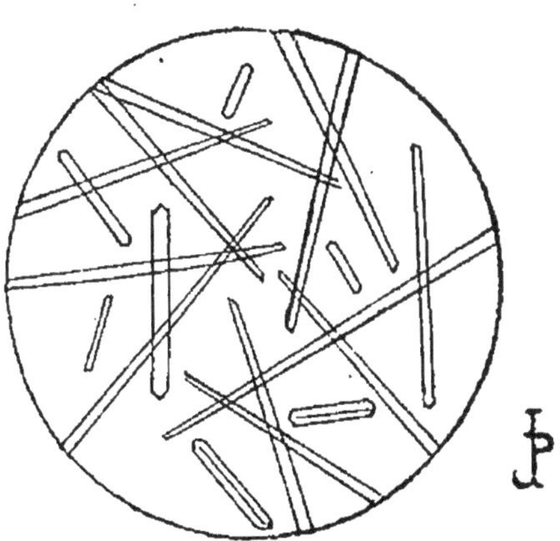

Fig. 1. — Urée.

Urée

$\left(CO < \begin{matrix} AzH^2 \\ AzH^2 \end{matrix}\right)$ C'est l'élément le plus important de l'urine au point de vue physiologique. Son élimination normale atteint le taux moyen de 33 *grammes par 24 heures*.

Au point de vue de sa constitution chimique, l'urée est une *carbodiamide*. C'est un corps neutre, incolore, cristallisant en primes quadratiques solubles dans H^2O et l'alcool à 20 0/0, insolubles dans la benzine et le chloroforme.

L'urée provient de *la destruction dans l'organisme des albumines de l'alimentation* (Hugounenq), car, à l'état physiologique, l'azote de l'urée correspond à l'azote alimentaire.

Le foie est le principal organe uréopoiétique; mais tous les tissus de l'organisme concourent dans une certaine mesure à l'uréopoièse.

L'excrétion uréique est *augmentée* dans :

la fièvre en général,
les fièvres éruptives en particulier,
la fièvre typhoïde.
les péritonites,
le diabète.

Physiologiquement, *une alimentation abondante*, *l'exercice musculaire prolongé* augmentent le taux d'excrétion de l'urée.

Elle est *diminuée* au contraire dans :

Les maladies où la vitalité des tissus est atteinte (*tuberculose*, *anémie*, *chlorose*, *cachexie cancéreuse*) *et dans les affections rénales ;*

Les affections du parenchyme hépatique (*Atrophie*, *cirrhose*, *stéatose phosphorée*, *stéatose arsenicale*), *et pendant les coliques hépatiques.*

Physiologiquement, elle *diminue par l'alimentation végétale*, mais *ne s'abaisse jamais jusqu'à 0*, même par le jeûne absolu.

DOSAGE DE L'URÉE

Il est basé sur la décomposition de l'urée par *l'hypobromite de soude* (Br O Na) :

$$CO.(Az\,H^2)^2 + 3\,Br\,O\,Na$$
$$= 3\,Na\,Br + CO^2 + 2\,Az + 2\,H^2\,O$$

L'acide carbonique est absorbé par l'excès de soude contenu dans l'hypobromite, et d'après le volume d'azote dégagé on peut calculer le poids d'urée.

Pour effectuer ce dosage, on a imaginé un grand nombre d'appareils, dont les plus connus et les plus faciles à manier sont : *l'uréomètre de Regnard*, celui de *Duprez*, et *l'uroazotomètre de Moreigne.*

Uréomètre de Regnard

Cet appareil a la forme générale d'un tube en U, en verre. La branche horizontale présente 2 boules

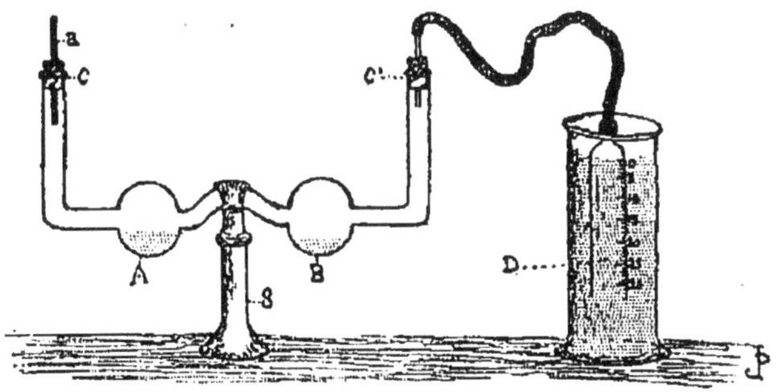

Fig. 2. — Uréomètre de Regnard.

soufflées dons le verre, séparées par une courbure médiane. Cette courbure est destinée à reposer sur la partie supérieure d'un support.

Les deux branches verticales peuvent être fermées par deux bouchons ; ces derniers sont percés chacun d'un orifice en leur milieu ; ces orifices admettront : l'un une baguette de verre plein, l'autre un tube à dégagement, également en verre. Ce tube communiquera, par l'intermédiaire d'un tuyau en caoutchouc, avec une cloche graduée de haut en bas, destinée à plonger dans une éprouvette que l'on aura remplie d'eau jusqu'aux 2/3 de sa hauteur.

Pour doser l'urée à l'aide de cet appareil :

1° Aspirer, avec une pipette, 10 cc. *d'hypobromite* et les faire tomber dans la boule A ;

2° Aspirer, avec une autre pipette, 2 cc. *d'urine* et les faire tomber dans la boule B ;

3° Boucher en C ;

4° Boucher en C', et adapter le tube de caoutchouc sur l'extrémité du tube à dégagement.

5° Plonger la cloche graduée dans l'eau, et amener son zéro au niveau du liquide que l'on aura amené exactement à la même hauteur dans la cloche et dans l'éprouvette, en enfonçant plus ou moins la baguette du verre dans le bouchon C.

6° L'appareil étant ainsi monté, on l'incline de façon à mélanger les liquides contenus dans les deux boules, et l'on agite doucement et avec précaution. On voit alors le dégagement gazeux se produire dans la cloche. Lorsqu'il a cessé d'augmenter depuis quelques instants, on soulève par sa partie supérieure, la cloche dans l'éprouvette jusqu'à faire coïncider les deux niveaux de l'eau.

7° On lit la division correspondante.

On se reporte à la table de correction établie spécialement pour l'usage de cet appareil. On y trouve, *en regard du volume d'azote, le poids de l'urée qui y correspond, en tenant compte de la température à laquelle on a opéré.*

N.-B. — Au cours de ces différentes manipulations, *il faut éviter de porter les doigts sur le verre de l'appareil*, leur chaleur pouvant faire dilater les gaz qu'il contient, ce qui fausserait le résultat. Il est donc nécessaire de ne manier l'uréomètre que par l'intermédiaire de son support.

Uréomètre de Duprez

L'appareil se compose de 2 parties en verre : AA' et BB', communiquant par un tuyau de caoutchouc C. La partie AA' porte un robinet *r* et des *divisions* gravées sur sa paroi au-dessus et au-dessous de *r*. L'extrémité B se termine par une dilatation ampullaire.

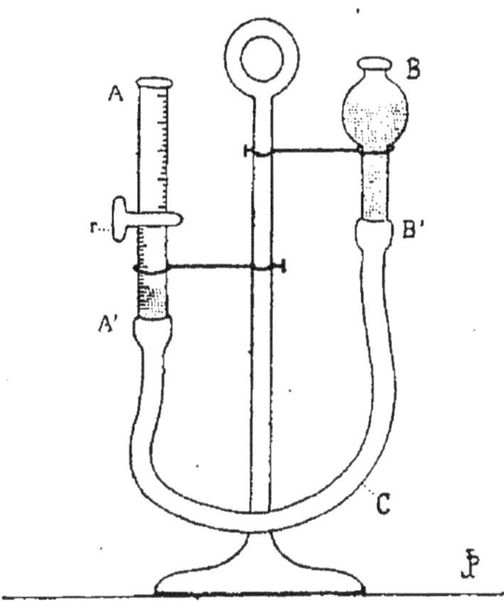

Fig. 3. — Uréomètre de Duprez.

Manuel opératoire :

1° L'appareil n'étant maintenu par le support que par la partie B, ouvrir le robinet *r*, et verser du *mercure* par l'extrémité B. Abaisser la partie A jusqu'à ce que le mercure arrive exactement sous le robinet *r*, qu'on ferme alors aussitôt ;

2e Verser dans le tube A 2 cc. *d'urine*, auxquels on ajoute un peu d'une *solution de glucose* à 25 0/0, dont l'effet sera d'assurer le dégagement complet de l'azote (1). On ouvre ensuite le robinet, et on laisse passer le tout dans la partie rA'; refermer aussitôt le robinet. Verser ensuite dans la partie A un peu d'eau distillée pour laver les parois du verre et la faire passer de même en rA'.

3° Verser dans le tube A un *excès d'hypobromite* (6 cmc. environ), et le faire passer en rA' avec précaution, *en prenant soin de laisser en Ar un peu de réactif*, de façon à éviter l'entrée de l'air ou la sortie de l'azote qui commence à se dégager. Imprimer ensuite à la partie AA' des mouvements d'élévation et d'abaissement alternatifs, qui aideront au mélange intime des deux liquides et, par suite, au dégagement complet de l'azote. Le dégagement étant complètement effectué, le mercure se trouve abaissé d'un certain nombre de divisions en A'.

4° Tenir ensuite la partie AA' contre BB' et amener le mercure *exactement au même niveau* en A' et B'. La pression exercée en rA' est donc équivalente à la pression atmosphérique qui agit en B.

5° Faire enfin la lecture en rA' et se reporter aux tables de correction pour connaître le poids d'urée par litre d'urine, à une température donnée.

Uroazotomètre du Dr H. Moreigne. (2)

Cet appareil est un uréomètre à eau, à la fois *simple*, *pratique* et *précis*. Il ne possède pas de

(1) Cette solution sucrée sera ajoutée avec avantage dans l'urine, quel que soit l'uréomètre employé.

(2) Cet appareil n'est pas demandé au troisième examen.

raccords, partant, moins de causes d'erreurs ; son fonctionnement ne nécessite pas de mercure, ce qui diminue sensiblement son prix de revient, enfin son maniement est des plus simples. Il est entièrement en verre.

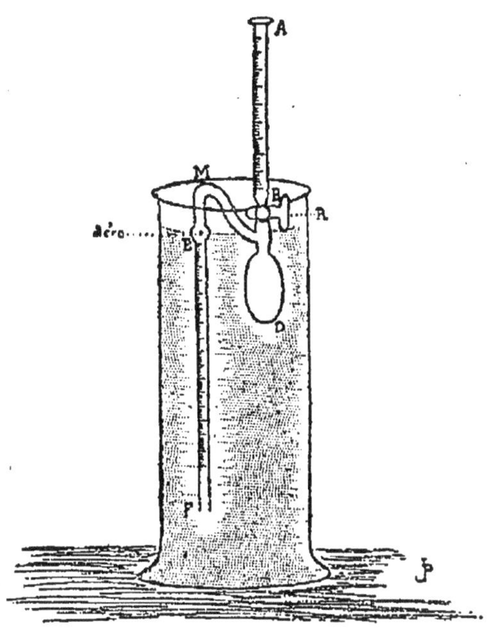

Fig. 4. — Uroazomètre du docteur H. Moreigne.

L'uroazotomètre se compose de trois parties principales : *a*) une portion AB, cylindrique, de 16 à 17 centimètres de longueur, d'un diamètre intérieur de 11 à 12 millimètres, divisée en *dixièmes de centimètres cubes*, et d'une capacité de 12 à 14 cc. à partir du robinet R ;

b) *Un générateur de gaz* CD, séparé du tube par le robinet R ;

c) Une portion EF ou *gazomètre*, tube séparé du gazogène par une portion recourbée M. Ce cylindre, d'un diamètre intérieur égal à celui du tube A B, est également divisé en dixièmes de centimètres cubes.

Manuel opératoire :

1° Prendre l'appareil par la partie M, de la main gauche ; l'incliner à droite, ouvrir le robinet. Introduire, avec une pipette, le long de la paroi A jusque dans le générateur, 1 ou 2 cc. d'urine. Laver avec 3 cc. de lessive de soude au 5e, en laissant toujours l'uréomètre dans la même position. Tout le liquide se rassemble dans le gazogène.

2° Porter l'instrument dans une éprouvette contenant de l'eau à la température du laboratoire et attendre quelques instants pour que la température soit égale à l'intérieur et à l'extérieur de l'instrument.

3° Faire affleurer exactement à l'intérieur du tube E F le niveau de l'eau au zéro. On ferme à ce moment le robinet en maintenant l'appareil de la main gauche par le tube A.

4° Remplir le tube A de réactif jusqu'à la dernière division, ou près de cette dernière. On note exactement le nombre de divisions et de fractions de division s'il y a lieu.

Puis, de la main gauche, saisissant la partie postérieure du robinet entre le pouce et l'index, on soulève l'appareil de façon à diminuer la pression à l'intérieur, et à placer le gazogène au-dessus de la surface de l'eau. On tourne alors la clef de la main droite et on laisse le réactif s'écouler dans le gazogène, en inclinant légèrement l'appareil du côté du gazomètre. Fermer après pénétration de 10 ou 11 cc. d'hypobromite. Noter alors très exactement le volume de réactif resté en A.

L'azote commence à se dégager. Alors, sans changer la main gauche, et l'uréomètre étant toujours soulevé, on maintient avec la main droite l'extrémité inférieure du tube EF contre la paroi de l'éprouvette, et on imprime avec la main gauche des mouvements de va-et-vient dans le sens horizontal. La réaction se continue.

5° On redescend l'uréomètre dans l'éprouvette. Attendre que le contenu ait pris la température de l'eau, ce qu'on peut apprécier à l'invariabilité du volume du gaz après plusieurs lectures.

6° Faire alors la lecture définitive du volume de gaz dégagé, en soulevant l'uréomètre avec une pince en bois.

Le *volume total* est fourni par : le volume du gaz dégagé + le volume du réactif employé, qui est connu. De cette équation, il est facile d'extraire l'inconnue, et d'en déduire le poids d'urée correspondant.

Dosage de Miquel.

Miquel a imaginé un procédé de dosage de l'urée basé sur la décomposition de ce corps par le *micrococcus ureæ.*

On met dans un ballon :

20 *cc. d'urine* + 2 *cc. d'urase*(*micrococcus.*)

On fait un premier titrage acidimétrique et l'on porte dans l'étuve à fermentation. 24 heures plus tard, on fait un deuxième titrage, avec l'acide sulfurique décinormal, du carbonate d'ammoniaque, [$CO^3(AzH^4)^2$] formé.

RÉACTIONS DE L'URÉE

1° Décomposition par l'hypobromite de soude.

2° Etude des cristaux au microscope.

Pour les obtenir, il suffit d'ajouter une goutte d'acide azotique à une goutte d'urine mise sur une lame de verre. Il se forme des cristaux d'*azotate d'urée.*

Acide urique (1).

($C^5 H^4 Az^4 O^3$) Eliminé normalement au taux de 0,5 à 0,8 décigrammes par 24 heures. Cristallisé, il se présente sous la forme d'une poudre blanchâtre, très peu soluble dans H^2O, insoluble dans l'alcool, l'éther, le chloroforme.

Dans les sédiments urinaires, il est toujours coloré, en rouge orangé le plus souvent.

L'acide sulfurique concentré *le dissout*.

A l'air, *il fermente*, en présence du *B. ureæ* et du *B. fluorescens*, en donnant de l'urée, puis du carbonate d'ammoniaque.

Il *réduit la liqueur de Fehling en milieu alcalin.*

Réaction de la murexide.

On attaque l'acide urique cristallisé par l'acide azotique dans une capsule. On chauffe légèrement et on évapore ensuite à siccité au bain-marie. Si l'on ajoute au résidu de l'ammoniaque, on a une *coloration rouge pourpre ;* si l'on y ajoute de la potasse, on a une *coloration violette.*

L'acide urique semble être *un produit de dédoublement de la nucléine des leucocytes*. La pathologie confirme cette conception : la seule maladie, en effet, qui *augmente* d'une façon certaine l'excrétion de l'acide urique, est la *leucocythémie.*

La fièvre peut aussi en élever le taux d'élimination. La *quinine*, l'*atropine*, en *diminuent* au contraire l'excrétion.

---

(1) Voir figure 6, page 60.

DOSAGE DE L'ACIDE URIQUE

(*Procédé de Hopkins*) Basé sur la précipitation de l'acide urique à l'état d'*urate ammonique* par le chlorhydrate d'ammoniaque.

Dans une éprouvette, on met *100 cc. d'urine* auxquels on ajoute *40 cc. de solution saturée de chlorhydrate d'ammoniaque.* On laisse reposer 24 heures. On jette ensuite sur un filtre taré.

On reprend avec de l'eau acidulée (H^2O, 60 cc. + HCl, 10 cc.). On fait sécher le filtre à l'étuve; on fait la différence de pesée; cette différence donne le poids d'acide urique.

Acide Hippurique.

(CO^2H. CH^2. AzH. (C^6H^5. Co)) ou *benzoÿlglycocolle.*

Excrété normalement au taux de 5 décigrammes à 1 gramme par 24 heures.

Il cristallise en prismes incolores, fusibles à 187°, très peu solubles dans H^2O et l'alcool à froid, beaucoup plus à chaud.

L'acide hippurique *se forme dans le rein, en présence — indispensable — des globules rouges.*

Il provient de l'union, avec élimination d'eau, de l'acide benzoïque, introduit par l'alimentation végétale, avec le glycocholle, produit de dédoublement des albumines.

Tout ce qui augmente, dans l'alimentation, la proportion d'acide benzoïque élève l'excrétion d'acide hippurique.

Créatinine.

($C^4H^7Az^3O$). Eliminée au taux de 1 gramme environ par 24 heures. C'est un corps faiblement basique, dont les cristaux sont solubles dans H^2O. Elle provient vraisemblablement de la créatine de la viande de l'alimentation ; car, *par le régime lacté exclusif, elle disparaît complètement. Elle augmente, au contraire, par l'exercice musculaire prolongé* (*autophagie*).

Xanthine

($C^5H^4Az^4O$). La xanthine constitue, avec la *sarcine* et l'*hypoxanthine*, la série des *corps xanthiques*, lesquels paraissent provenir de la désassimilation de la nucléine.

L'urine normale n'en renferme que des traces.

Pigments.

L'un des plus importants des pigments urinaires est :

L'*urobiline* ($C^{32}H^{40}Az^4O^7$). Elle se présente sous la forme d'une poudre amorphe, rouge jaunâtre, à reflets verts. Peu soluble dans H^2O pure, elle l'est davantage en présence de quelques sels neutres. Elle est soluble dans l'alcool et le chloroforme.

Normalement, l'urine n'en renferme que de très petites quantités. Sa présence en quantité notable indique l'*insuffisance de la cellule hépatique.* Le taux de son élimination augmente aussi dans la fièvre.

Réaction de l'urobiline. — On obtient facilement

la *fluorescence caractéristique* par le procédé suivant : à une petite quantité d'urine bilieuse ajouter un volume égal d'acide chlorhydrique. Chauffer, puis, après avoir laissé refroidir quelques instants, ajouter de l'éther et agiter vigoureusement. Cet éther dissout l'urobiline et vient se rassembler à la partie supérieure du tube, présentant une belle coloration verte fluorescente.

L'urochrome est le pigment jaune normal de l'urine.

L'uroérythrine donne aux sédiments leur coloration rouge.

La mélanine, pigment pathologique qui donne une teinte brune à l'urine, s'y trouve dans certains cas de *tuberculose* et aussi pendant l'évolution des *tumeurs mélaniques.*

L'indidogène ou *indican* est un indoxylsulfate de potassium.

Le scatol est un scatoxylsulfate. La recherche de l'indican et du scatol se fait par la même réaction.

Dans un tube à essais on verse un peu d'urine, à laquelle on ajoute un volume égal d'acide chlorhydrique, puis quelques gouttes d'un corps oxydant (perchlorure de fer, ou, de préférence, eau oxygénée). On chauffe très légèrement, et l'on verse 1 ou 2 centimètres cubes de chloroforme. Après avoir agité le tube avec précaution et laissé reposer, on voit le chloroforme se rassembler au fond, coloré en :

Bleu violacé s'il s'agit d'*indican.*

Rose s'il s'agit de *scatol.*

Ces deux corps ont à peu près la même signification pathologique, leur formation à tous deux étant liée à l'existence de *fermentations intestinales.* On trouve cependant plus fréquemment l'indican que le scatol.

L'indicanurie se montre quelquefois chez les gros

mangeurs, les constipés ou les individus atteints de diarrhée dysentériforme. Elle est très fréquente dans la fièvre typhoïde, et dans les maladies aiguës ou chroniques s'accompagnant de fermentations intestinales exagérées.

Diazo-réaction d'Ehrlich.

On a voulu, dans ces derniers temps, faire de la réaction d'Ehrlich, primitivement appliquée à la recherche des acides biliaires, une réaction caractéristique, presque pathognomonique, des *urines typhiques*.

On se sert, pour la faire, de deux solutions dont voici qualitativement la composition :

Solution A { acide sulfanilique. acide chlorhydrique. eau distilllée.

Solution B { nitrite de soude. eau distillée.

On met dans un tube à essais 1 cc. d'urine + 1 cc. de la solution A. On ajoute goutte à goutte un demi cc. de la solution B, puis on laisse tomber 2 ou 3 gouttes d'ammoniaque. On agite fortement, de façon à faire mousser le mélange. Si la réaction est positive, le liquide et la mousse doivent prendre une *coloration rouge orangé*.

En réalité, cette réaction n'est pas constante dans la fièvre typhoïde ; d'autre part, on l'obtient souvent dans des urines normales. L'un de nous (F.) l'ayant systématiquement recherchée dans un grand nombre d'urines pathologiques, a *toujours vu la diazo-réaction coexister avec la réaction de l'indican*.

Azote total.

On donne le nom d'azote total à la somme des molécules d'azote représentées dans tous les corps quaternaires de l'urine.

L'azote de l'urée en représente la plus grande partie (80 à 85 0/0).

Le poids d'azote excrété en moyenne par un homme sain, de poids moyen, en 24 heures, oscille entre *12 et 14 grammes.*

L'alimentation exerce une influence marquée sur le taux de cette excrétion, qui atteint son maximum 5 à 6 heures après les repas.

On a noté un grand nombre de *causes d'augmentation de l'azote total ;* l'ingestion du salicylate de soude, et peut-être des sels alcalins ; l'alcool ; le phosphore. Dans la fièvre typhoïde, le carcinome, le choléra, l'azote total atteint un chiffre notable. C'est dans le diabète qu'il atteint le taux le plus élevé, qui peut être deux et trois fois supérieur à la normale.

Les *causes de diminution* sont : les maladies cachectisantes chroniques, et surtout l'inanition.

Dans ce dernier cas, l'azote total se maintient pendant les deux ou trois premiers jours ; puis il s'abaisse brusquement, et reste ensuite à peu près invariable (2 gr. environ par 24 heures).

RAPPORT AZOTURIQUE

M. le professeur Robin a imaginé d'exprimer par un rapport arithmétique les variations parallèles de l'excrétion de l'azote total et de l'azote de l'urée. La connaissance de ce rapport fournirait des indications importantes sur le fonctionnement de la nutrition et des échanges de l'organisme. Appelé successivement *coefficient d'oxydation de M. Albert Robin*, *coefficient d'utilisation des matières albuminoïdes*, on a décidé, au Congrès de chimie appliquée (1896), de l'appeler plus simplement *rapport azoturique.*

Il représente le coefficient obtenu en divisant le poids de l'azote de l'urée par le poids de l'azote total.

$$\text{Normalement } \frac{\text{Az U}}{\text{Az T}} = \frac{9}{10}$$

Il diminue dans les maladies à évolution chronique, et augmente dans les maladies aiguës fébriles.

DOSAGE DE L'AZOTE TOTAL

La méthode de dosage la plus employée est celle de *Kjehldal.*

Elle est basée sur la transformation de l'azote des corps quaternaires en ammoniaque par l'acide sulfurique concentré et bouillant

Cet ammoniaque, mis en liberté par la potasse, est dosé volumétriquement, et l'on en déduit le poids de l'azote.

Acide oxalique.

L'acide oxalique est le *corps ternaire* le plus important de ceux que renferme l'urine.

Il s'y trouve à l'état *d'oxalate de chaux*, qui se dépose en prismes octaédriques. Le taux de son excrétion atteint 0,02 centigrammes par 24 heures.

Les acides gras, le glucose, l'acide lactique ne se trouvent qu'en proportions infinitésimales dans l'urine normale ; on y a même parfois contesté leur présence.

Chlorures.

Parmi les *sels minéraux* de l'urine, les chlorures tiennent la place la plus importante.

Le chlore urinaire est toujours combiné au potassium, au calcium, au sodium, surtout au sodium. C'est pourquoi l'on évalue en chlorure de sodium la teneur en chlore de l'urine.

Normalement, on en trouve 12 à 14 grammes par 24 heures.

Dans les maladies, la quantité de chlorure de sodium éliminé baisse ; et l'on peut dire, d'une façon générale, que sa diminution est parallèle à l'aggravation de l'état morbide.

Son augmentation, subite ou progressive, dans les états pathologiques aigus fébriles, est d'un excellent pronostic : elle annonce la déferves-cence.

Les travaux récents de MM. Widal et Javal, Achard, Chauffard et leurs élèves, ont établi que, chez *les cardiaques et les brightiques*, le rein — dont l'activité fonctionnelle est notablement diminuée — ne peut éliminer qu'une quantité de chlorures assez réduite.

D'autre part, la rétention et l'accumulation des chlorures dans l'organisme devient le point de départ des *œdèmes*. On voit donc que, en se tenant constamment au courant de la quantité de chlorures éliminée par ces malades, on peut se faire une idée suffisamment juste du degré de perméabilité de leur rein. D'où, l'importance pronostique des variations du taux de cette élimination ; d'où encore la possibilité d'établir un *régime alimentaire achloruré*, qui aura l'avantage de ne pas imposer au rein un travail supérieur à son activité fonctionnelle, et deviendra le meilleur moyen curatif et préventif à mettre en œuvre pour activer la résorption des œdèmes et entraver leur apparition (1).

DOSAGE DU CHLORE DE L'URINE

Méthode de Mohr. — Elle consiste à précipiter le chlore par *l'azotate d'argent.*

On met, dans un verre à fond plat, *10 cc. d'urine* à laquelle on ajoute *quelques gouttes de chromate de potassium*, comme indicateur coloré.

On a versé, d'autre part, dans une burette graduée, une *solution décinormale d'azotate d'argent.*

On en fait tomber goutte à goutte dans le verre contenant l'urine jusqu'à ce qu'elle vire franchement *à une teinte café au lait due au chromate d'argent.* Sachant que *1 cc. d'azotate d'argent décinormal correspond à 0 gr. 00355 de chlore*, on peut facilement déduire, du chiffre lu sur la burette, la teneur de l'urine en chlore.

Phosphates.

Les phosphates proviennent de l'alimentation, par désassimilation des tissus,

Leur masse totale correspond à *2 gr. environ d'anhydride phosphorique* ($P^2 O^5$) *par litre.*

Physiologiquement, l'acide phosphorique augmente après les repas, surtout les repas abondamment carnés.

---

(1) Lire, à ce sujet, l'article de MM. Hallion et Cantonnet sur *le rôle des chlorures en pathologie*, paru dans les *Archives générales de Médecine. (N° du 26 avril 1904).*

En clinique, on a noté l'hypersécrétion phosphatique dans *l'atrophie aiguë du foie*, les *méningites*, la *tuberculose* à sa première période.

On a donné le nom de *diabète phosphaturique* à un trouble de la nutrition aboutissant à l'élimination de quantités énormes d'acide phosphorique (10 gr. en 24 heures).

DOSAGE DES PHOSPHATES

Méthode de Neubauer. — Cette méthode est basée sur la précipitation des phosphates par *l'acétate d'urane*. On met 50 cc. d'urine dans une capsule et on porte à l'ébullition.

Puis on y fait tomber goutte à goutte une solution titrée d'*acétate d'urane* contenue dans une burette graduée, jusqu'à ce que des prises d'essai portées sur des gouttelettes isolées de *ferrocyanure de potassium* placées sur une soucoupe donnent une teinte foncée de *ferrocyanure d'urane*. On lit la quantité n d'acétate d'urane versée.

Connaissant la correspondance de ce réactif en P^2O^5, il n'y a plus qu'à la multiplier par n pour avoir la teneur en acide phosphorique de 50 cc. d'urine, et le produit par 20 pour avoir le résultat par litre.

Sulfates.

Les sulfates proviennent *des aliments, des tissus et de l'oxydation du soufre des albumines.*

Leur excrétion normale atteint 2 grammes par 24 heures. Leur élimination est parallèle à celle de l'urée : la *sulfaturie va de pair avec l'azoturie*.

Ammoniaque.

Le rein élimine, par 24 heures, 0,05 à 0,07 centigrammes d'ammoniaque, qui provient de la destruction des albumines de l'alimentation et de la désassimilation des tissus.

Gaz.

Les gaz dans l'urine atteignent le chiffre de 20 à 25 cc. par litre.

CO^2	entre pour	65 0/0	dans le volume total.
O	—	2,74 0/0	—
Az	—	31,86 0/0	—

II. URINE PATHOLOGIQUE

ÉLÉMENTS ANORMAUX DE L'URINE

Les éléments anormaux que l'on peut déceler dans l'urine ont des origines diverses :

Les uns proviennent de l'organisme lui-même ; ils ont une *origine intrinsèque*. Tels sont : *le sucre*, *la lactose*, *l'acétone*, *l'albumine*, *la fibrine*, *les albumoses* et *les peptones*.

D'autres sont constitués par des *éléments de l'organisme plus ou moins modifiés*, tels *le sang*, *le pus*, *la bile*, *les pigments biliaires*.

D'autres enfin ont une *origine extrinsèque* : ce sont les *substances médicamenteuses*, *toxiques*, *etc.*, introduites dans l'organisme par une voie quelconque et que l'on retrouve dans l'urine, soit à leur état primitif, soit à l'état de combinaisons, soit enfin plus ou moins modifiées.

Glucose

($C^6H^{12}O^6$). Normalement, l'urine ne contient que des traces de glucose.

Il peut arriver que, après l'ingestion de grandes quantités de sucre, l'organisme ne suffise pas à en faire la transformation totale. On voit alors apparaître une glucosurie plus ou moins marquée, à laquelle on a donné le nom de *glucosurie alimentaire.*

Une *glucosurie accidentelle* peut être observée à la suite de troubles passagers (*froid*, *émotions*).

Le *diabète sucré*, au contraire, s'installe à la suite de troubles permanents de la nutrition.

Dans le diabète, la *glycémie et la glucosurie ne vont, en général, pas parallèlement ;* la quantité du sucre qui passe dans les urines est le plus souvent supérieure à celle qui se trouve dans le sang : ce fait tient à l'état du rein.

D'autres affections que le diabète peuvent s'accompagner de glucosurie : *les lésions du 4e ventricule*, où se trouve le centre glucosurique ; *les méningites cérébro-spinales* ; *certaines affections du foie*, et, indirectement, les affections du cœur et du poumon pouvant aboutir à *l'asystolie hépatique ;* les intoxications par *l'oxyde de carbone, le curare, le chloroforme, la morphine, les sels mercuriaux.*

Caractères des urines des diabétiques.—Elles sont *pâles* et *très abondantes*, leur *poids spécifique* est élevé; on y trouve *un excès d'urée* et *de matières azotées et salines* ; *le sucre* enfin peut y atteindre un taux très élevé ; jusqu'à 200, 300 grammes par 24 heures, et même parfois davantage.

RECHERCHE QUALITATIVE DU SUCRE

Il faut avant tout rechercher si l'urine est albumineuse.

Dans ce cas, on précipite d'abord l'albumine par l'acide acétique à chaud ; puis, on filtre et on neutralise le liquide filtré.

On peut déceler le glucose par un certain nombre de procédés, dont voici les principaux :

Polarisation.

On décolore 50 cc. d'urine par 10 cc. de sous-acétate de plomb, et on examine le *filtratum* au polarimètre, qui accuse une déviation de la lumière polarisée *à droite*. La lecture du nombre des divisions dont il faut tourner le nicol analyseur pour ramener à l'égalité des teintes indique la teneur de l'urine en sucre, en grammes par litre.

Potasse caustique.

L'urine sucrée bouillie après addition d'un peu de potasse caustique, prend une teinte *jaune foncé* ou *brune.*

Réactif de Fehling (1).

Pour rechercher le sucre à l'aide du réactif de Fehling, il faut tout d'abord s'assurer que ce réactif n'est pas altéré.

---

(1) Composition de la liqueur de Fehling :

Soude..............	130 gr.
Acide tartrique.....	105
KOH	80
SO^4Cu.............	40
Eau distillée........	Q. S. pour un litre.

Pour cela, on en verse d'abord 1 cc. environ dans un tube à essais, que l'on fait chauffer.

Si la liqueur de Fehling n'est pas de préparation récente, elle peut en effet se réduire en se décolorant à l'ébullition.

Cet essai une fois fait, on ajoute au réactif son volume d'urine, et l'on porte à l'ébullition. En présence du sucre, la liqueur de Fehling est réduite immédiatement, *perd sa couleur bleue et prend une teinte rougeâtre*.

Cette réduction se produit *très rapidement* lorsqu'on a affaire à des urines sucrées. Si elle ne se manifeste qu'après une ébullition prolongée, et d'une façon incomplète, ce n'est généralement pas au glucose qu'elle est due. Les urines *acétonuriques* et *chloralées* réagissent parfois de cette façon ; de même l'élimination de certains médicaments, de la *marétine*, en particulier, peut conférer à l'urine la propriété de réduire la liqueur de Fehling.

Il faut donc s'assurer, lorsqu'une urine réduit la liqueur de Fehling, si c'est bien au sucre qu'est due cette réaction. On ajoute, à une petite quantité de cette urine, du *sous-nitrate de bismuth* et un peu de *potasse* : la présence du glucose est décelée par un *précipité noir* de bismuth métallique.

La réaction de la *phénylhydrazine*, par laquelle on obtient la *phénylglucozasone*, et celle de la *fermentation*, obtenue avec de la levûre de bière purifiée, sont beaucoup moins usitées.

Dosage du sucre

Polarimètre.

On peut, comme nous l'avons dit plus haut, apprécier la quantité de sucre contenue dans une urine par le nombre de divisions dont elle fait dévier la lumière polarisée à droite.

Méthode de Fehling.

Un centimètre cube de liqueur de Fehling bien préparée est ordinairement réduite par 0,005 milligrammes de glucose. Il est facile de se servir de ce réactif comme moyen de dosage (1).

Pour faciliter les opérations et en rendre le résultat plus précis, il est bon de diluer l'urine dans une proportion déterminée, si elle est très sucrée, de telle sorte que sa teneur en sucre ne dépasse pas 0,5 décigr. pour 100, ce dont un essai préliminaire a permis de s'assurer.

Puis, dans *10 cc. de réactif étendus de 20 cc. d'eau* et maintenus à l'ébullition dans un ballon, on fait tomber l'urine goutte à goutte jusqu'à décoloration complète.

On lit ensuite le volume d'urine employé, lequel contenait la quantité de glucose à laquelle correspondent 10 cc. de liqueur de Fehling, c'est-à-dire 0,05 centigrammes.

Lactose.

L'urine des nouvelles accouchées contient souvent de la lactose, dont on ne trouve — rarement d'ailleurs — que des traces dans l'urine normale. Elle réduit la liqueur de Fehling et dévie à droite la lumière polarisée.

Elle ne fermente pas directement avec la levûre ordinaire.

---

(1) On doit toujours s'assurer, avant tout dosage, de la correspondance en glucose de la liqueur de Fehling employée.

Acétone.

($CH^3CO.CH^3$). L'acétone est un liquide très mobile, soluble dans l'eau.

Sa teneur dans l'urine varie de quelques centigrammes à 2 grammes.

L'acétonurie est presque constante à la période terminale des diabètes graves pendant le *coma diabétique*. La présence de l'acétone dans l'organisme communique souvent à l'haleine une *odeur caractéristique*, comparable à celle de la pomme de reinette.

Une alimentation riche en albumine peut faire naître une acétonurie transitoire ; *l'inanition* s'accompagne parfois du même phénomène. Il n'est pas rare enfin de trouver l'acétone dans l'urine des *cancéreux* et des *typhiques*.

L'acétone paraît être un produit de dédoublement anormal das matières protéiques, et peut être, dans certains cas, due à l'oxydation incomplète des hydrocarbonés.

Réactions de l'acétone. La présence de l'acétone dans l'urine ne lui confère *aucun pouvoir rotatoire*.

Une petite quantité d'une urine acétonurique additionnée de *quelques gouttes de perchlorure de fer* prend une belle *coloration rouge*.

Réaction de Gunning. — A quelques centimètres cubes d'urine, on ajoute deux ou trois gouttes de *teinture d'iode*, puis quelques gouttes *d'ammoniaque*. Il se forme un précipité noirâtre, composé d'iodoforme et d'iodure d'azote. Ce dernier corps disparaît bientôt ; et, après quelque temps, on aperçoit au fond du tube des cristaux jaunes, qui, après décantation, dégagent l'odeur caractéristique de *l'iodoforme*.

N. B. — Pour donner aux réactions de l'acétone une plus grande netteté, il est bon d'opérer sur le produit de distillation de 100 cc. d'urine.

Acide diacétique

Se présentant sous l'aspect d'un *liquide acide, incolore, mobile*, l'acide diacétique est très instable et se dédouble très facilement en acide carbonique et acétone.

La diacéturie *précède* très fréquemment le *coma diabétique*. Elle présente donc, à ce titre, une valeur pronostique assez importante.

Réaction de Gehrardt. Si l'on ajoute à l'urine diacétique non bouillie et fraîchement émise, *quelques gouttes de perchlorure de fer*, on obtient une teinte caractéristique *rouge vin de Porto*.

Acide β — oxybutyrique.

($CH^3CH.OH.CH^2.CO^2H$). Ce corps est un homologue de l'acide lactique. Il confère à l'urine un *pouvoir rotatoire lévogyre*. On le trouve fréquemment dans l'urine et le sang pendant le *coma diabétique* ; il accompagne souvent l'acétone.

Pour rechercher l'acide β-oxybutyrique, on fait fermenter l'urine avec de la levûre ; le liquide filtré est précipité par le sous-acétate de plomb ammoniacal et examiné au polarimètre : s'il dévie vers la gauche, c'est un indice très probant (*Hugounenq*.)

Albumine

L'albumine, *corps protéique*, est, avec le sucre, corps ternaire, l'élément pathologique le plus important à rechercher dans les urines.

On l'y trouve dans un grand nombre *d'états pathologiques fébriles.*

Le poids d'albumine par litre d'urine est très variable. Les quantités trouvées oscillent depuis les traces impondérables jusqu'à 10 grammes par litre, et plus parfois. Ce sont naturellement les urines des *néphrites* qui contiennent le plus d'albumine.

L'albumine est constituée chimiquement par l'association de 2 corps très voisins : la *globuline* et la *sérine*, celle-ci en majeure partie.

Un grand nombre de théories ont été proposées pour expliquer le passage de l'albumine dans les urines. Mais leur exposé et leur discussion ne sauraient trouver place ici, ces faits relevant de la pathologie générale.

RECHERCHE QUALITATIVE DE L'ALBUMINE

L'albumine peut être décelée par de multiples réactions, dont voici les plus simples et les plus employées en clinique :

1° *Acide azotique, à froid.*

On verse une certaine quantité d'urine — préalablement filtrée — dans un verre. Puis on verse doucement, le long des parois du verre, un peu d'acide azotique. Ce dernier, plus lourd, gagne le fond du récipient, et, à la limite de séparation des deux liquides, on voit apparaître un *anneau blanc jaunâtre* caractéristique. (*Réaction de Heller*).

2° *Chaleur.*

On porte à l'ébullition quelques centimètres cubes d'urine dans un tube à essais. On voit quelquefois, sous l'action de la chaleur, se produire un précipité blanc floconneux. Si le précipité *persiste et s'accentue*, après l'addition de quelques gouttes *d'acide acétique*, c'est qu'il est constitué par de l'albumine. S'il se dissout au contraire et disparaît, en partie ou en totalité, c'est qu'on a affaire, soit à des sels solubles en liqueur acétique (*phosphates et carbonates terreux*), soit à une *albumine acéto-soluble*. Ces albumines acéto-solubles ou *acidalbumines*, sont des produits de transformation des matières albuminoïdes — par l'effet de la chaleur — en *produits solubles* intermédiaires à l'albumine et aux *albumoses* que nous étudions plus loin.

« Ces solubilisations par l'acide acétique s'observent principalement dans les urines *pauvres en chlorures*, dans celles dont les albumines sont déjà modifiées du fait de la maladie, ou plus souvent par les fermentations bactériennes, ainsi que celà se produit lorsque l'urine a été abandonnée dans un vase exposé à l'air par une forte température. » (Brault).

On évite ces causes d'erreurs en ajoutant à l'urine traitée à chaud par l'acide acétique une petite quantité d'un sel neutre (du chlorure de sodium par exemple), en présence duquel le précipité albumineux ne subit pas de modifications.

3° *Réactif d'Esbach* (1).

Ce réactif, assez sensible, précipite l'albumine à froid, et le *coagulum* ainsi obtenu est *insoluble à chaud*.

Si l'on a obtenu un *précipité qui se redissout*

---

(1) Composition du réactif d'Esbach :

Acide citrique	2 gr.
Acide picrique.....	1 gr.
Eau distillée.......	100 cc.

par la chaleur, c'est que l'urine examinée contient, non de l'albumine, mais *des peptones* (*V. plus loin.*)

4° *Acide trichloracétique.*

L'acide trichloracétique ajouté à l'urine en précipite l'albumine à froid ; le *coagulum* ne se redissout pas à chaud, pas plus que par addition d'un excès de réactif. C'est donc un procédé très fidèle.

5° *Sels de mercure : Réactif de Tanret* (1).

Si, en versant une petite quantité de réactif de Tanret dans l'urine on obtient, à froid, un précipité ne disparaissant *ni par la chaleur, ni par addition d'alcool*, on peut conclure à la présence de l'albumine. Le réactif de Tanret doit être ajouté en excès car la combinaison albumino-mercurique est soluble dans l'albumine non encore combinée.

Le réactif de Tanret ne précipiterait pas, d'après Brasse, *les leucomaïnes*, telles que la xanthine et l'hypoxanthine, *ni la créatinine*; Méhu au contraire affirme la précipitation de la *xanthine* et de la *créatinine.*

Réactif de Millon (2).

Le réactif de Millon produit, dans une urine

---

(1) Composition du réactif de Tanret:

Bichlorure de mercure......	1 gr. 35
Iodure de potassium........	3 gr. 32
Acide acétique cristallisable..	20 cc.
Eau distillée...............	Q. S. p. 100 cc.

(2) Le réactif de Millon est une solution de nitrate de mercure dans l'acide nitrique nitreux.

albumineuse, un *précipité blanc* qui devient rapidement *rouge* à l'ébullition.

N.-B. — Les sels de mercure ont une *sensibilité* exagérée : ils précipitent à *froid* toutes les matières albuminoïdes, y compris les *peptones vrais* et les *alcaloïdes*. Les précipités *insolubles à chaud* correspondent à l'albumine ; ceux qui sont *solubles à chaud* ou même *à froid après addition d'alcool* sont dûs aux peptones, aux albumoses, aux alcaloïdes.

Les réactions que nous venons d'exposer sont des *réactions de précipitation* ; l'albumine peut aussi être décelée par des *réactions de coloration*, dont deux surtout sont fréquemment employées : la *réaction du biuret* et la *réaction xanthoprotéique*.

6° *Réaction du biuret.*

L'urine albumineuse additionnée de quelques gouttes de *sulfate de cuivre en solution étendue et d'un peu de lessive de soude*, prend une *coloration violacée*.

7° *Réaction xanthoprotéique.*

Si l'on traite par l'*acide azotique* à l'ébullition une urine contenant de l'albumine, elle se teinte en *jaune clair*.

Si l'on ajoute *ensuite* de *la soude* ou de *la potasse caustique*, cette coloration vire au *jaune orangé foncé*.

RECHERCHE QUANTITATIVE DE L'ALBUMINE

1° *Procédé d'Esbach.*

Le procédé de dosage de l'albumine par le *tube d'Esbach* est un procédé commode et couramment employé en clinique ; mais il faut bien savoir qu'il n'est pas d'une grande précision, et que les chiffres qu'il indique sont tantôt trop forts, tantôt trop faibles.

L'albuminimètre d'Esbach est un tube en verre, d'un diamètre de 1 cm. 5 environ, portant sur ses parois deux divisions principales : l'une au tiers de sa hauteur, à côté de laquelle est gravée la lettre U ; l'autre au tiers supérieur, à laquelle est annexée la lettre R.

La partie inférieure porte des divisions croissant de bas en haut.

On verse l'urine albumineuse dans le tube jusqu'à la lettre U ; puis, on remplit jusqu'en R avec le réactif d'Esbach. On bouche le tube et, après l'avoir agité, on le laisse reposer 24 heures. Le précipité formé se rassemble au fond du tube ; et le chiffre de la division jusqu'à laquelle s'élèvera le *coagulum* indique le *nombre de grammes d'albumine par litre d'urine*.

M. Paquet (1) a trouvé récemment un mode opératoire permettant de faire, par la méthode d'Esbach, le dosage *rapide* de l'albumine dans les urines.

Il verse, comme il vient d'être décrit, l'urine et le réactif dans le tube albuminimètre, agite vigoureusement et *soumet à l'ébullition* pendant une minute. Toute l'albumine se coagule, et, après 20 à 25 minutes de repos, se rassemble au fond du tube.

Les résultats obtenus seraient sensiblement superposables à ceux que donne le dosage à froid.

---

(1) Paquet. — *Revue pratique des maladies des organes génito-urinaires* (mai 1904).

2° *Coagulation par la chaleur en liqueur acétique, et pesée.*

3° *Acide trichloracétique.*

Le procédé de dosage par l'acide trichloracétique est certainement le meilleur.

Manuel opératoire. — Verser *20 cc. d'urine* dans un verre à fond plat. Ajouter *10 cc. d'une solution d'acide trichloracétique au quart.* Chauffer au bain-marie pendant quelques minutes et jeter sur un filtre taré et sans plis. Laver le précipité resté sur le filtre avec de *l'alcool à 90°.* (On sait, en effet, que les matières albuminoïdes sont insolubles dans l'alcool).

Le placer à l'étuve à 100°. Au bout de 24 heures, peser à nouveau le filtre.

La différence du poids indique la quantité qui, multipliée par 50, donne le poids d'albumine par litre d'urine.

Séparation de la sérine et de la globuline. — Dans la grande majorité des cas, il n'est pas nécessaire de rechercher la part respective que prennent la sérine et la globuline dans la constitution de l'albumine proprement dite.

Elles s'y trouvent presque toujours dans des proportions peu ou point variables, et il est tout à fait exceptionnel que l'une ou l'autre de ces albumines existe isolément dans l'urine.

Quoi qu'il en soit, si l'on veut distinguer la sérine de la globuline, il suffit d'ajouter à l'urine du *sulfate de magnésie* à saturation.

La *globuline seule* précipite.

La *méthode de Hammarsten,* basée sur ce principe, permet de *doser* la sérine et la globuline.

Nucléo-albumines.

Les nucléo-albumines ne sont *pas décelables par l'acide nitrique à froid*. Ou bien, si elles donnent un léger anneau, ce dernier disparait par agitation du liquide, le précipité étant soluble dans l'acide en excès.

Les nucléo-albumines précipitent au contraire par l'acide acétique.

Leur signification pathologique est liée à celle de l'albumine proprement dite.

Albumoses.

Les albumoses ou *propeptones* sont des substances intermédiaires aux albumines et aux peptones.

On en trouve quelquefois dans *les urines des femmes enceintes* et *des nouvelles accouchées*...

On peut aussi la rencontrer au cours de *maladies aiguès* : pneumonie, dothiénentérie.

Elle a été signalée dans quelques cas d'*ulcère et de cancer de l'estomac*, *d'intoxication phosphorée*, *de leucocythémie*.

Les albumoses sont précipitées par les solutions saturées de *sulfate d'ammoniaque*, lesquelles n'ont pas d'action sur les peptones (Kühne).

Les urines albumosiques traitées par l'*acide nitrique à froid* peuvent se troubler d'un léger précipité qui *se redissout à chaud*.

Peptones.

La peptone ne se rencontre que rarement dans les urines.

On l'y trouverait surtout dans les maladies où les globules blancs altérés laissent exsuder leurs produits de désassimilation, dans les cas de suppurations étendues, de tuberculose à la période cavitaire, d'ostéomyélite.

On tend actuellement à admettre que la *peptone vraie* (peptone de Kühne non précipitable par le sulfate d'ammoniaque à saturation), ne se rencontre presque jamais dans l'urine. Dans la plupart des cas relatés dans la littérature médicale, ces prétendues peptones ne seraient que des variétés d'albumoses (Brault).

Les peptones donnent, en présence du réactif d'Esbach, à froid, un léger précipité soluble à chaud.

Médicaments, substances toxiques dans l'urine. Leur recherche.

1° Iodures alcalins. — On est souvent appelé à rechercher dans l'urine un iodure alcalin.

Pour celà, on ajoute, à une petite quantité de cette dernière, dans un tube à essais, de l'*acide azotique* ; et l'on agite, après addition d'un peu de *chloroforme*. Ce dernier prend une *teinte violacée*, caractéristique de l'iode.

2° Bromures alcalins. — On peut les déceler par la même réaction que les iodures. Mais dans ce cas, le chloroforme prend une *teinte brune*.

N. B. — Pour obtenir une réaction nette, il est bon de précipiter, auparavant, l'albumine — si l'urine en contient — et d'opérer après filtration.

3° Arsenic. — Pour rechercher l'arsenic dans

l'urine, *Armand Gautier* conseille de procéder de la façon suivante : on évapore à siccité ; on traite le résidu par l'*acide sulfurique* en présence de l'*acide nitrique* ; on épuise par l'eau bouillante, et dans cette solution on précipite l'arsenic par l'*hydrogène sulfuré*. On *lave* le précipité jaune orangé ainsi obtenu, puis on le dissout dans l'*ammoniaque*. On laisse évaporer, et le résidu, oxydé par l'*acide nitrique*, est introduit dans l'*appareil de Marsh*.

4° MERCURE. — Disons tout d'abord qu'une grande partie du mercure introduit dans l'organisme est éliminé par *les selles*. Néanmoins, après absorption d'une quantité, même minime, de ce métal, on peut en déceler la présence dans l'urine.

Un procédé de recherche simple et rapide consiste à plonger quelques instants dans l'urine portée à l'ébullition, un fragment de cuivre ou une pièce de monnaie de billon. On voit se déposer, à sa surface, une *couche blanche* de mercure.

L'appareil de Cazeneuve est basé sur ce principe. Il permet de faire passer l'urine, légèrement acidulée par de l'acide chlorhydrique, sur un petit manchon de toile métallique en laiton. Ce manchon, sur lequel s'est déposé le mercure, est lavé et séché, puis introduit dans un tube en verre vert, fermé à une extrémité et muni, à l'autre, d'une pointe effilée où le mercure vient se condenser quand on chauffe le manchon métallique.

En faisant passer sur la couche de mercure des vapeurs d'iode, on obtient un *enduit rouge d'iodure mercurique*.

5° CHLOROFORME. — Le chloroforme se retrouve dans l'urine, en partie à l'état primitif, en partie à l'état de combinaisons plus ou moins complexes.

L'urine chloroformique *réduit la liqueur de Fehling ;* de plus, si l'on ajoute de *l'alcool*, de la *potasse* ou du *naphtol*-β à son produit de distillation, on le voit prendre, à une douce chaleur, une *teinte bleue* (Lustgarten).

6° Chloral. — Le chloral est éliminé par les urines à l'état d'*acide uro-chloralique.*

L'urine chloralée *réduit parfois la liqueur de Fehling*, mais reste sans effet sur *le réactif de Nylander* (1). Elle ne donne pas de coloration avec le *perchlorure de fer* et *ne réduit pas le sous-nitrate de bismuth.*

De plus, elle ne *fermente pas* comme l'urine sucrée, et possède un pouvoir rotatoire *lévogyre*

7° Antipyrine. — Après ingestion d'antipyrine, si l'on ajoute à de l'urine fraîchement émise quelques gouttes de *perchlorure de fer*, on voit apparaître une *teinte rouge* persistant à l'ébullition.

8° Acide salicylique. — L'urine salicylée, acidulée par l'*acide chlorhydrique* donne, par addition de quelques gouttes de *perchlorure de fer*, une coloration *violette.*

---

(1) Composition du réactif de Nylander :

Soude caustique à 1,33..	60 gr.
Sous-nitrate de bismuth.	8
Sel de Seignette	4
Eau distillée............	95

On fait chauffer jusque vers 95°, on filtre le liquide refroidi et on ajoute :

Glycérine à 30°......	20 gr.

En présence de l'urine sucrée à l'ébullition, ce réactif donne un précipité *gris* ou *noir foncé*, suivant la teneur plus ou moins grande de l'urine en sucre.

9° PHÉNOLS. — Les phénols s'éliminent à l'état d'*éthers*, en combinaison avec l'acide sulfurique ($C^6H^5O.SO^3H$). Les urines phénolées sont colorées en *brun*.

10° ALCALOIDES. — Pour extraire les alcaloïdes contenus dans l'urine, on soumet le résidu de son évaporation au bain-marie à la série d'opérations qui constituent le *procédé de Dragendorff*, dans le détail duquel nous ne pouvons entrer ici.

Une fois isolés, on les caractérise par leurs réactions propres.

Pour quelques-uns, on emploie des réactions particulières :

Cocaïne. — Concentrer doucement l'urine, presque à siccité, agiter avec du bicarbonate de soude et de l'éther qu'on renouvellera plusieurs fois, décanter l'éther, l'évaporer, et au résidu des liqueurs réunies, ajouter un peu d'alcool et d'acide sulfurique. La formation de benzoate d'éthyle sera accusée par son odeur aromatique et pénétrante. (Cette réaction se produit également avec tous les composés benzoïques.)

Morphine. — Mettre à digérer à 60°, 50 cc. d'urine avec 0 gr. 25 d'acide tartrique et 100 cc. d'alcool amylique. On décompose le tartrate de morphine par l'eau ammoniacale et, dans le résidu de l'évaporation de l'alcoolamylique, on caractérise l'alcaloïde par le *réactif de Fröhde* (molybdate d'ammoniaque et acide sulfurique) qui se colore en violet, ou par la *réduction de l'acide iodique*, ou par la *coloration bleue* que prend un mélange de ferricyanure et de perchlorure de fer. (Lyon et Loiseau).

Sang dans l'urine.

Toute urine contenant du sang présente une *teinte rouge* plus ou moins accentuée suivant l'abondance de l'hématurie.

Pour rechercher si c'est réellement au sang que l'urine doit sa coloration, on peut, soit la soumettre à *l'analyse spectrale* (V. plus loin le *spectre du sang*), soit à *l'analyse microscopique*, qui décèle la présence des globules sanguins.

À côté de l'hématurie, il faut citer l'*hémoglobinurie*, c'est-à-dire les cas où l'hémoglobine se trouve seule en dissolution dans l'urine, sans globules. C'est encore *l'analyse spectrale* qui nous fixera sur ce point (V. plus loin : *les bandes d'absorption de l'hémoglobine*).

Les urines sont sanglantes dans un grand nombre d'affections des voies urinaires, aussi bien de l'urètre que de la vessie et du rein.

Suivant que l'émission de sang se fait surtout au début ou à la fin des mictions ou dans leur intervalle, ou encore pendant celles-ci, on peut présumer d'une façon plus ou moins certaine l'endroit où siège la lésion causale.

« 19 fois sur 20, dit M. Henriot dans une de ses conférences, le sang vient de la vessie.

D'autre part, on trouve des *cylindres* dans l'urine au cours de toute maladie vésicale ou rénale. Mais si les cylindres ne contiennent pas de globules, on peut en inférer que le sang vient du rein. S'ils baignent dans les globules, au contraire, leur origine est vésicale. »

L'*hémoglobinurie* est beaucoup plus rare que l'hématurie.

Elle a été observée dans un certain nombre de maladies infectieuses : l'*ictère grave*, le *typhus abdominal*, la *scarlatine*, la *diphtérie*, la *va-*

riole hémorrhagique, le *rhumatisme articulaire aigü*, la *dothiénentérie*, la *pneumonie*.

Elle prend une grande valeur dans certaines formes d'*impaludisme*, où elle apparaît avec une intensité exceptionnelle.

Pus dans l'urine.

Les urines purulentes sont *troubles* à leur émission et laissent déposer un culôt plus ou moins épais d'un blanc jaunâtre, crêmeux, à moins qu'au pus ne s'ajoutent des matières colorantes ou du sang.

L'*examen microscopique* de ce dépôt, ou, ce qui est préférable, du culot obtenu par centrifugation de l'urine, y fait reconnaître les globules de pus, des leucocytes et des cylindres.

Cliniquement, il est un procédé commode et rapide de caractériser les urines purulentes : On décante l'urine en ne laissant au fond du vase qu'une petite quantité du liquide et son dépôt. Puis, on y verse doucement, en agitant avec une baguette de verre, un peu d'*ammoniaque* ou une solution concentrée de *potasse*. On voit le liquide devenir filant, sirupeux et adhérer à l'agitateur.

La pyurie s'observe dans les *pyélonéphrites suppurées*, dans la *tuberculose rénale* à une période avancée de son évolution, dans les *cystites purulentes*, les *suppurations de la prostate*.

Dans le cas de *tuberculose rénale*, le pus urinaire contient des *grumeaux* assez nombreux, qui auraient, d'après Vogel et Lebert, une grande importance pour le diagnostic de l'ulcère tuberculeux des reins.

Bile dans l'urine.

Dans toutes les variétés d'*ictère* on peut trouver dans l'urine des *pigments biliaires* ; les *acides biliaires* s'y rencontrent plus rarement, et leur recherche n'a pas cliniquement une grande importance.

1° Pigments biliaires. — Les pigments biliaires donnent à l'urine une coloration qui varie du *brun* au *vert pur*, en passant par le *rouge jaune*, le *jaune* et le *jaune verdâtre*. Une telle urine, agitée dans un tube à essais, se recouvre d'une *mousse abondante* dont les bulles, examinées par transparence, paraissent *irisées*.

Réaction de Gmelin.

La réaction de Gmelin est celle qu'on emploie le plus souvent pour déceler les pigments biliaires. On verse, dans un verre à fond plat, de l'urine à laquelle on ajoute de *l'acide nitrique nitreux* en le faisant couler avec précaution le long des parois du verre. On voit aussitôt se former, à la limite des deux liquides, les *anneaux colorés* caractéristiques.

Procédé de Rosenbach.

Le procédé de Rosenbach consiste à faire tomber sur du papier-filtre blanc quelques gouttes d'urine, puis une goutte d'acide nitrique nitreux. On voit alors les anneaux colorés se dessiner nettement sur le fond clair du papier.

Réaction de Maréchal.

La réaction de Maréchal consiste à faire tomber,

dans quelques centimètres cubes d'urine, une goutte de *teinture d'iode* et à agiter légèrement. Le mélange prend, au bout de quelques instants, une belle coloration *verte.*

Réaction dite de Haycraft.

Un autre *procédé clinique* très simple consiste à projeter sur l'urine *fraîche* unepincée de *fleur de soufre.* Les particules de soufre flottent sur l'urine normale, mais tombent petit à petit au fond du vase si l'urine contient des pigments biliaires, des acides biliaires ou de l'urobiline.

Les essences, les résines (balsamiques), le phénol et l'alcool dans l'urine se comportent comme la bile vis-à-vis de la réaction de Haycraft, qui n'est donc pas pathognomonique.

2° ACIDES BILIAIRES. — Laprésencc d'acides biliaires dans les urines est liée à celle des pigments biliaires.

Réaction de Pettenkoffer.

La réaction de Pettenkoffer permet de les déceler facilement : on *évapore à siccité* au bain-marie 20 cc. d'urine, et on reprend par 2 ou 3 cc. d'eau distillée. On ajoute un peu de *sirop de sucre*, puis quelques gouttes d'acide sulfurique concentré et pur. Le mélange prend une coloration *violette.*

Nous avons parlé ailleurs de la réaction d'*Ehrlich* et de l'infidélité de ses résultats.

Sédiments et calculs urinaires.

SÉDIMENTS DE L'URINE

Les sédiments qui se déposent au fond des vases contenant de l'urine peuvent être formés par des éléments tenus en suspension dans l'urine au moment de son émission ou par d'autres ayant pris naissance plus tardivement.

Le dépôt, complet au bout de 24 heures, peut être obtenu rapidement par la centrifugation.

Mais le sédiment fourni par cette méthode est moins complet, car il ne comprend pas les éléments qui se déposent dans l'urine quelques heures après son émission, et qui sont le résultat de réactions chimiques intrinsèques.

L'*examen microscopique* permet de reconnaître, dans les sédiments, des *éléments organisés*, et plus souvent des *composés chimiques*.

D'où la distinction en *sédiments organisés* et en *sédiments non organisés*, suivant la prédominance de tels ou tels éléments.

1° *Sédiments organisés.*

Leur étude relève de l'*histologie* et de la *bactériologie*. On y rencontre du sang, du pus, des cellules épithéliales, des cylindres, des spermatozoïdes, des parasites et des microbes divers.

2° *Sédiments non organisés.*

Les sédiments non organisés ont une composition différente dans les urines *acides* et dans les urines *alcalines*.

a) Dans les *urines acides*, c'est l'*oxalate de chaux* qu'on trouve le plus fréquemment. Il apparaît sous forme de *cristaux octaédriques* qui, vus par en haut rappellent l'aspect d'enveloppes de lettres.

L'oxalate de chaux est insoluble dans l'acide acétique, et soluble dans l'acide chlorhydrique et l'acide azotique.

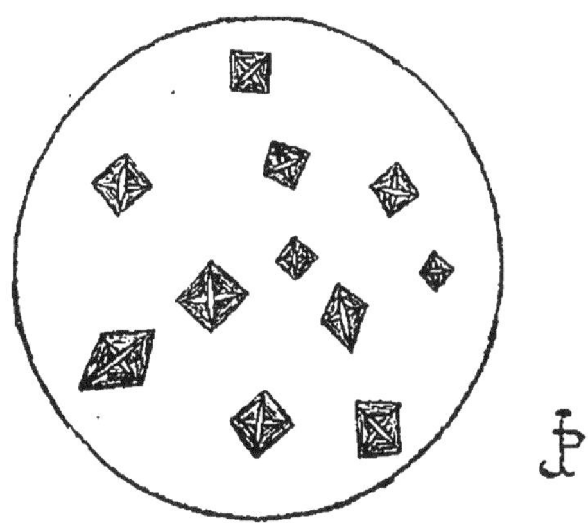

Fig. 5. — Oxalate de chaux.

L'*urate acide de sodium* peut entrer également dans la composition des sédiments acides. Il est ordinairement coloré en *jaune orangé*, et se présente sous la forme d'une *poudre amorphe* ou de cristaux mal caractérisés.

L'*acide urique* se trouve plus rarement. Il est fréquemment coloré en brun, et affecte des apparences cristallines diverses.

b) Dans les *urines alcalines*, ce sont :

Le *phosphate ammoniaco-magnésien*, cristallisé en *prismes incolores* que leur forme a fait comparer à des cercueils. Ce phosphate est très soluble dans l'acide acétique dilué.

L'*urate d'ammoniaque*, coloré en jaune, cristallisé sous forme de petites sphères recouvertes de pointes.

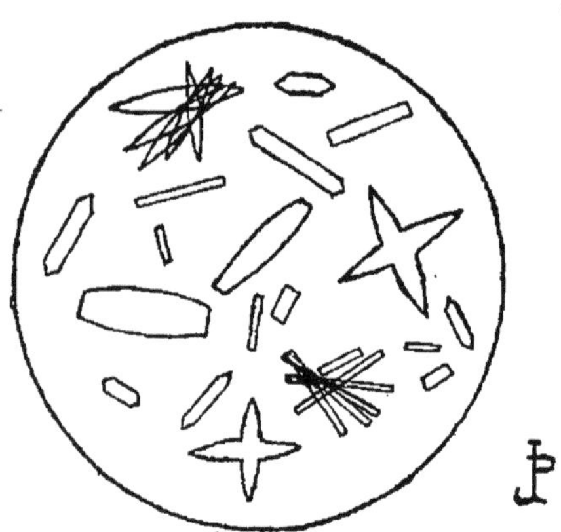

Fig. 6. — Acide urique.

Le *carbonate* et le *phosphate de chaux tribasique* se trouvent quelquefois aussi dans les urines alcalines.

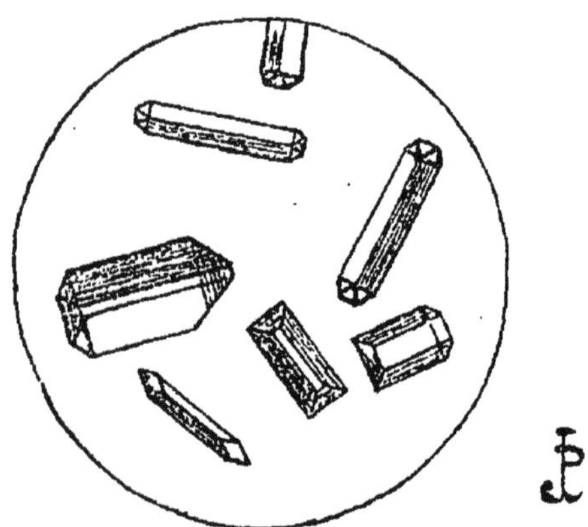

Fig. 7. — Phosphate ammoniaco-magnésien.

Leurs formes cristallines sont irrégulières, et ils sont en général peu colorés.

L'acide acétique les dissout, et, s'il s'agit de carbonate, détermine un dégagement d'acide carbonique.

CALCULS URINAIRES

Les calculs urinaires, de grosseur très variable, peuvent atteindre les dimensions d'un œuf de dinde et même davantage.

S'ils sont très petits, de la grosseur d'un grain de sable à celle d'un grain de millet, on leur donne le nom de graviers. Leur couleur varie du *blanc grisâtre au rouge brun.*

Leur consistance, variable suivant leur composition, peut être *crayeuse* ou *très dure.*

Leur surface extérieure est *lisse* ou *rugueuse* ; leur surface de section, *mate*, *cristalline* ou *rayonnée.*

Ils sont formés, au point de vue de leur structure, de *couches concentriques*, distinctes entre elles, tant par leur *densité* que par leur *couleur* et leur *composition chimique.* Au centre se trouve le *noyau générateur.*

De *formation primaire* s'il s'est constitué dans une urine *acide*, le calcul est de formation *secondaire* s'il a pris naissance dans une urine *alcaline* ou si son noyau générateur est représenté par un corps étranger des voies urinaires.

Les calculs sont rarement tout à fait homogènes ; néanmoins, il y prédomine toujours une substance chimique : soit des *urates* et *l'acide urique*, soit *l'oxalate de chaux*, soit des *phosphates* et des *carbonates terreux*. Ce sont, beaucoup plus rarement : la *cystine*, la *xanthine*, l'*indigo*, la *cholestérine.*

a) *Les calculs uratiques*, de grosseur très variable, sont *rougeâtres*, *bruns* ou *jaunes*. Ils sont un peu *moins durs que les oxalates*.

Le produit de leur pulvérisation donne, avec l'acide azotique et l'ammoniaque, la réaction de la *murexide*.

Cette poudre est soluble à chaud dans la soude caustique. Si l'on a affaire à un *urate ammonique* cette solubilisation s'accompagne d'un dégagement de gaz *ammoniac*.

La *lithiase uratique* est l'expression d'un ralentissement de la nutrition. L'*hérédité*, le genre de vie (*sédentarisme*), ont été incriminés.

Elle est beaucoup plus fréquente chez l'homme que chez la femme.

b) *Les calculs oxaliques* sont les plus durs. Leur surface, irrégulière, présente des aspérités qui, par les déchirures qu'elles produisent, deviennent la cause d'*hématuries*. Leur coloration, brune à la périphérie, est plus claire à l'intérieur du calcul.

Le produit de leur pulvérisation est insoluble dans l'acide acétique, et soluble dans l'acide chlorhydrique, sans dégagement gazeux.

Incinéré au rouge sombre, il ne laisse qu'un résidu blanc de carbonate de chaux.

La *lithiase oxalique* indique un ralentissement de la nutrition. Très fréquente chez les *goutteux*, elle tient à une oxydation incomplète des albumines. Une *alimentation végétale* habituelle paraît, dans certains cas, devoir être la cause de la lithiase oxalique. C'est pour cette raison qu'on lui a parfois donné le nom de *lithiase des pauvres*.

c) *Les calculs phosphatiques* peuvent atteindre un volume assez considérable. Leur noyau central est très fréquemment constitué par un urate ou un oxalate.

Au *phosphate tricalcique* est très souvent associé le phosphate *ammoniaco-magnésien*. Lorsque ce dernier est prépondérant, la structure du calcul est *rayonnée*, *cristalline*.

Le phosphate, ordinairement d'un blanc grisâtre. peut se charger de pigments et présenter des teintes diverses.

La surface de ces calculs est rugueuse, et leur surface de section a un aspect granuleux.

Ils sont moins durs que les autres variétés lithiasiques et se laissent facilement pulvériser.

Ils se dissolvent facilement dans l'acide acétique, sans effervescence ; un excès d'ammoniaque les reprécipite.

La *lithiase phosphatique* est liée à une *alcalinité* anormale du sang et, partant, des urines. La *fermentation ammoniacale intra-vésicale* agit par le même mécanisme.

L'*ostéomalacie* et l'ingestion prolongée de préparations médicamenteuses *phosphatées* peuvent également engendrer la lithiase phosphatique.

Le *phosphate ammoniaco-magnésien*, souvent associé, comme nous l'avons vu, au phosphate tricalcique, donne — à chaud — avec la *potasse*, un dégagement gazeux d'ammoniaque.

CHAPITRE II

SUC GASTRIQUE

« La muqueuse stomacale sécrète un liquide rendu acide par une assez forte proportion d'acide chlorhydrique. Le suc gastrique renferme deux ferments : la *pepsine* et la *présure*.

La *présure* a la propriété de coaguler le lait dans un milieu alcalin. La *pepsine*, plus abondante et plus importante, sert, en présence de l'acide chlorhydrique, à dissoudre les albuminoïdes et à les transformer en peptone après les avoir fait passer par les phases intermédiaires d'albumine acide et de propeptone. » (A. Mathieu.)

Acidité du suc gastrique.

Le suc gastrique a une réaction *acide* due à : *l'acide chlorhydrique*, principalement, à *l'acide lactique* et à d'autres *acides de fermentation* voisins.

Pour examiner le suc gastrique, on pompe le contenu de l'estomac, 45 minutes environ après avoir fait ingérer au patient un *repas d'épreuve*. Le repas d'épreuve le plus communément employé en France est celui d'*Ewald*, qui comprend *60 gr. de pain rassis et 250 gr. de thé sans sucre*. On opère alors sur le liquide obtenu après filtration.

Recherche des acides minéraux du suc gastrique.

L'arsenal de la chimie pathologique comprend un grand nombre de réactifs pour la recherche des acides minéraux contenus dans le suc gastrique. Les plus communément employés sont les réactifs de *Günzburg* (1), de *Boas* (2), de *Ueffelmann* (3).

a) *Réactif de Günzburg.* — On met dans une capsule de porcelaine : 1 cc. environ de réactif + 1 cc. de suc gastrique. On évapore à siccité au bain-marie : le résidu prend alors une coloration *rouge persistante.*

b) *Réactif de Boas.*—On opère de la même façon et la coloration obtenue est la même, mais ne *persiste pas à froid.*

c) *Le réactif d'Ueffelmann* est décoloré par les acides minéraux, et se colore en jaune par les acides de fermentation.

DOSAGE DE L'ACIDITÉ DU SUC GASTRIQUE

L'indicateur le plus employé pour le dosage de l'acidité du suc gastrique est la *phtaléine du phé-*

---

(1) Composition du réactif de Günzburg.	Vanilline.......	1 gr.
	Phloroglycine...	2 gr.
	Alcool..........	30 gr.
(2) Composition du réactif de Boas	Résorcine,......	5 gr.
	Saccharose	3 gr.
	Alcool faible....	100 cc.
(3) Composition du réactif d'Ueffelman	Phénol en dissolution teinté en violet par du perchlorure de fer.	

nol (1) ; l'alcali destiné à saturer le liquide gastrique sera la *potasse décinormale.*

On met dans un verre : *5 cc. de suc gastrique*, + quelques gouttes de *phtaléine*, et dans une burette graduée : la solution de *potasse décinormale.*

On en fait tomber goutte à goutte dans le verre jusqu'à ce que la phtaléine devienne rose.

Soit *n* le nombre de centimètres cubes de potasse employée. Sachant que 1000 cc. de cette solution saturent 3,65 d'acide, on déduit de la formule : $\frac{1000 \times 3,65 \times n}{5 \times 1000}$ ou $\frac{3,65 \times n}{5}$ le titre d'acidité du suc gastrique examiné.

L'*acidité totale* du suc gastrique, examiné une heure après le repas d'Ewald, correspond — dans les cas normaux, à 1,80 à 2 p. 1000.

Au cours des maladies de l'estomac s'accompagnant d'*hyperacidité* (l'*ulcère rond*, par exemple), ce chiffre est parfois considérablement plus élevé.

Chlore total.

Le chlore du suc gastrique s'y trouve à trois états : chlore combiné aux matières minérales, chlore combiné aux matières organiques, et acide chlorhydrique libre.

DOSAGE DU CHLORE TOTAL

Hayem et *Winter* ont indiqué une méthode simple et rapide de dosage du chlore total du suc gastrique.

1re expérience. — Mettre, daus une capsule de

(1) La phtaléine, incolore en présence des acides, devient *rose* en présence des alcalis.

porcelaine, *5 cc. de suc gastrique*, auxquels on ajoute *1 gramme de carbonate de soude.* L'acide chlorhydrique libre se combine à la soude et donne du chlorure de sodium.

Evaporer au bain-marie, et calciner au rouge sombre. La matière organique est brûlée ; le chlore est mis en liberté et se transforme en chlorure de sodium. Tout le chlore organique passe ainsi à l'état de chlore minéral.

Par dosage du résidu, on a donc la *somme des trois chlores.*

2e expérience. — Mettre, dans une seconde capsule, *5 cc. de suc gastrique.* Evaporer à siccité au bain-marie. Ajouter alors *1 gramme de carbonate de soude*, puis calciner.

Le chlore libre sera parti. Le dosage ne donnera donc que la somme du *chlore organique* + le *chlore minéral.*

3e expérience. — Mettre, dans une autre capsule, *5 cc. de suc gastrique.* Evaporer au bain-marie ; le chlore libre s'en va.

Calciner ensuite : le chlore organique s'en va ; et il ne reste plus dans le résidu que le *chlore minéral.*

Dans chacune de ces trois expériences, il faut calciner jusqu'à ce que le résidu soit *blanc.*

Une fois la capsule *refroidie complètement*, on reprend par de l'*eau acidulée avec de l'acide azotique pur.* Après avoir chauffé, filtré et épuisé deux ou trois fois avec de l'eau acidulée, on a une solution sur laquelle on opèrera le dosage.

Dans la burette graduée, on verse *une solution décinormale d'azotate d'argent.* On a mis dans un verre le *filtratum* + quelques gouttes de *chromate de potasse.*

On fait tomber l'azotate d'argent goutte à goutte dans le verre jusqu'à l'obtention de la teinte rouge de chromate d'argent.

Sachant que 1 cc. de la solution décinormale d'azotate d'argent correspond à 0,00355 de chlore, on peut déduire facilement, du mombre de centimètres cubes employés, la teneur en chlore des 5 cc. de liquide de repas d'épreuve.

Il suffira de multiplier le chiffre obtenu par 200, pour avoir le résultat par litre.

ACTIVITÉ PEPTIQUE DU SUC GASTRIQUE

L'*activité peptique* du suc gastrique peut se mesurer en poids.

Mais le procédé du *tube de Meth* est plus pratique.

On remplit d'albumine des tubes de très petit calibre, et on les jette dans l'eau bouillante. L'albumine se coagule.

Mettre alors dans un ballon *5 cc. de suc gastrique* et une petite portion de l'un des tubes de Meth *ne contenant pas de bulles d'air*. On constate la digestion de l'albumine par le liquide gastrique.

Avec une lame de verre graduée, on peut en mesurer, sous le microscope, la quantité digérée.

Le résultat obtenu est très approximatif.

CHAPITRE III

SANG

Le sang présente une teinte rouge sombre ou une teinte rouge vermeil, suivant qu'il est veineux ou artériel. Il est peu visqueux normalement.

Sa saveur est fade. Son odeur, différente dans chaque espèce animale, rappelle celle de la sueur, et d'une façon générale, l'odeur particulière de l'animal duquel il provient. Sa réaction est *alcaline*.

Le poids de la masse totale du sang d'un homme adulte, oscille entre 4 et 5 kilogrammes ; chez la femme, le poids en est sensiblement moins élevé.

Histologiquement, le sang est constitué par le *plasma* tenant en suspension les *globules* (globules rouges ou *hématies* et globules blancs ou *leucocytes*). Les hématies et les leucocytes présentent respectivement des caractères morphologiques très différents, dont l'étude relève de l'histologie.

On peut isoler le plasma par le procédé simple et rapide de la *centrifugation* du sang. Les *éléments figurés* ou globules se rassemblent au fond du tube ; le plasma surnage.

C'est un liquide jaune ambré, un peu visqueux, d'odeur fade, de réaction alcaline, de densité voisine de 1,025, coagulable entre 12 et 14 degrés.

Schmidt et Lehmann ont établi comme il suit la *composition chimique* de 1.000 parties de plasma normal :

Eau		902,90
Résidu fixe		97,10
Albumines	Matière fibrinogénique	4,05
	Sérumglobuline	32,
	Sérumalbumine	46.84
Graisse et matières extractives		5,66
Sels minéraux		8,85

(Phosphates, sulfates, chlorures).

Les *globules rouges* se composent chimiquement de :

		Pour 1.000	
Eau		688	parties
Résidu fixe	Organique	303,88	—
	Minéral	8,12	—

Ils contiennent de l'hémoglobine, des matières albuminoïdes, de la lécithine, de la cholestérine, quelques autres matières organiques et des sels minéraux.

L'*hémoglobine* et l'*oxyhémoglobine* (hémoglobine combinée à l'oxygène, dans le sang artériel) constituent l'élément essentiel du globule rouge.

Les *globules blancs* sont, eux, de véritables cellules protoplasmiques, nucléées.

Numération des globules

a) Globules rouges. — *Hayem* a imaginé, pour la numération des globules rouges, un appareil dont l'usage est basé sur les principes suivants :

1° *Faire subir au sang une dilution d'un titre déterminé ;*

2° *Compter le nombre des globules dans un volume donné de cette dilution ;*

3° *Passer, par un calcul, de ce chiffre au chiffre réel par mmc.*

L'appareil se compose de : la *pipette de Potain* et *la chambre humide.*

Pipette de Potain. — Elle se compose d'un tube capillaire élargi en son milieu en une ampoule. La première partie, capillaire, porte le chiffre 1; la seconde, le chiffre 101. On adapte un tube de caoutchouc à l'extrémité supérieure de la pipette, et, par l'autre extrémîté, on aspire le sang à examiner jusqu'au chiffre 1. Ensuite, on amène au chiffre 101 avec du *sérum artificiel,* qui contient une petite quantité de sublimé destiné à fixer les globules.

Chambre humide. — Elle consiste essentiellement en une petite surface divisée micrométriquement en 20 rectangles. Les dimensions de chacun de ces rectangles sont : 1/5 de mm. de longueur, 1/4 de mm. de largeur, et 1/5 de mm. de profondeur. Leur capacité est donc de 1/100 de mmc.

On dépose une goutte de la solution de la pipette sur la chambre humide. On place sous le microscope ; on compte le nombre de globules dans chaque rectangle et on en fait le total, ou, plus rapidement, on fait une moyenne par rectangle, après numération de trois ou quatre d'entre eux, et l'on multiplie par 20.

Le sang étant dilué au 1/100 et chaque rectangle ayant une capacité de 1/100 de mmc., il suffit de multiplier le nombre trouvé par 10.000. Le chiffre normal est, environ : *5 millions d'hématies par mmc.*

b) Globules blancs. — (Appareil de Thomas).

L'opération est la même ; mais les globules blancs étant plus rares que les globules rouges, la dilution doit être plus faible : au 1/10.

D'autre part, il faut préalablement se débarrasser des globules rouges par une *solution acétique faible.*

Acide acétique glacial..........	2 gr.
Eau distillée..................	100 cc.

Ajouter un peu de *bleu de méthylène* pour colorer.

La pipette est plus petite, et porte les deux chiffres 1 et 11. Aspirer le sang jusqu'au chiffre 1 et la solution acétique jusqu'au chiffre 11.

Réactions du sang

CRISTAUX D'HÉMINE

Mettre une goutte de sang sur une lame de verre. Chauffer pour le dessécher. Ajouter ensuite une trace de *chlorure de sodium.* Recouvrir d'une lamelle et verser, à l'un des angles de cette dernière, une goutte d'*acide acétique,* qui pénètre par capillarité. Porter à l'ébullition sur la flamme d'un bec Bunsen; laisser refroidir, et placer sous le microscope. On voit alors les petits *cristaux bruns,* en forme de *bâtonnets,* de *chlorhydrate d'hématine.*

ANALYSE SPECTROSCOPIQUE

Le spectre du sang normal présente *2 bandes d'absorption* entre les raies D et E.

Si l'on ajoute au sang un peu de *sulfhydrate d'ammoniaque,* on voit, au bout de quelques minutes, les deux bandes d'absorption se confondre en *une seule, caractéristique de l'hémoglobine réduite.*

Si le sang est *oxycarboné,* l'addition de sulfhydrate d'ammoniaque reste sans effet sur l'image pectrale, et les deux bandes restent fixes.

Cette constatation a une grande importance en clinique, car, dans bon nombre de cas d'anémie, dont on ne parvenait à déterminer la cause, il s'agissait d'intoxication par l'oxyde de carbone.

Examen médico-légal des taches de sang.

Au cours d'une expertise médico-légale, le médecin expert a fréquemment l'occasion d'examiner et de reconnaître des taches de sang.

Lorsque ces taches sont récentes, on en détermine facilement la nature par la simple constatation de leurs caractères physiques : *couleur rouge*, *aspect luisant*, dû à l'albumine coagulée, et *odeur spéciale*.

Lorsque les taches sont anciennes, altérées, déposées sur une étoffe de couleur sombre, la certitude ne peut être obtenue que par les *caractères chimiques*, *spectroscopiques*, et *microscopiques*.

Si les taches sont sèches, on les *revivifie* en trempant dans un liquide l'objet qui les porte. Pour l'examen chimique ou spectro scopique, on délaye la matière des taches dans l'eau distillée. Pour l'examen microscopique, on emploie un liquide dans lequel les globules sanguins puissent se conserver (solution saturée de sulfate de soude, solution de bichlorure de mercure à 1/200).

En opérant sur le liquide obtenu par dilution des taches de sang dans l'eau distillée et concentré par ébullition, on obtient facilement la formation des cristaux de chlorhydrate d'hématine.

De plus, le sang *bleuit la teinture de gaïac en présence d'un liquide ozonisé.*

L'examen spectroscopique permet, d'une part, de reconnaître que c'est bien à du sang qu'il faut attribuer les taches suspectes ; d'autre part, si ce sang est oxycarboné, et par suite, si l'on a affaire à une intoxication par l'oxyde de carbone.

L'examen microscopique, le plus sûr, permet de voir les hématies et même, si leur forme n'est pas trop altérée, de reconnaître à quelle espèce animale elles appartiennent.

Des taches qui, sur le linge et les étoffes, peuvent être confondues avec le sang, celles de *rouille* sont les plus communes. Mais ces dernières disparaissent sous l'action de l'acide chlorhydrique — et, dissoutes dans l'eau, elles donnent un précipité bleu avec le ferrocyanure de potassium.

Dosage de l'hémoglobine.

On peut doser l'hémoglobine par des *procédés chimiques*, complexes, ou par des *méthodes optiques*, beaucoup plus simples.

Nous ne décrirons, ici, parmi les appareils de dosage par méthode optique, que ceux de *Hénocque*, que l'on trouve dans tous les laboratoires de chimie médicale.

1° Hématoscope simple, de Hénocque.

Il se compose de deux lames fines, en verre, fixées l'une au-dessus de l'autre, de façon que leurs plans ne soient pas parallèles, mais forment entre eux un angle dièdre très aigu.

Dans l'interstice qui les sépare, on introduit deux ou trois gouttes du sang à examiner.

On a ainsi une petite cuve dont l'épaisseur augmente d'une extrémité à l'autre.

On la dépose sur une plaque de fonte émaillée, portant une graduation empirique. A gauche, sous une faible épaisseur de sang, les chiffres seront visibles. Puis, sous des épaisseurs croissantes, ils s'estomperont et finiront par ne plus être visibles.

L'instrument est gradué de telle sorte que le dernier chiffre visible exprime, en centièmes, la teneur du sang en hémoglobine.

Cet appareil, simple et d'un maniement facile, comporte de nombreuses causes d'erreur ; les résultats qu'il indique ne sont donc qu'approximatifs.

2° HÉMATOSPECTROSCOPE de Hénocque.

Cet instrument a pour but de doser l'hémoglobine du sang circulant dans les tissus, à l'aide d'un *analyseur chromatique* et d'un petit *spectroscope à vision directe*.

En plaçant le pavillon de l'oreille devant le collimateur du spectroscope, on peut voir les deux bandes d'absorption de l'hémoglobine.

Un disque mobile adapté à l'appareil permet de placer devant la fente des verres colorés et méthodiquement gradués, qui atténuent ou éteignent les bandes.

Suivant que ces dernières disparaissent avec un verre plus ou moins épais, on détermine la quantité d'oxyhémoglobine en lisant le chiffre gravé audessous du dernier verre qui laisse encore distinguer la première bande d'absorption.

Ce procédé n'est pas non plus très précis ; mais il donne, par comparaison et par des examens multipliés, des résultats très suffisants pour l'appréciation clinique de la teneur du sang en hémoglobine.

Coagulation du sang.

A l'air, le sang ne tarde pas à se coaguler : il se forme un *caillot*, qui se rétracte peu à peu en laissant exsuder un liquide jaunâtre, albumineux, le *sérum*. Ce phénomène continue à s'accentuer, jusqu'à ce que le caillot, devenu dur, élastique, baigne complètement dans le sérum exsudé.

La substance fibrinogène, matière albuminoïde du plasma, s'est coagulée, emprisonnant dans ses mailles les globules.

Le reste du plasma constitue le sérum.

Le caillot représente donc : le fibrinogène + les globules.

Le plasma est constitué par : de l'eau, des sels, des albuminoïdes diverses.

On peut isoler la fibrine en battant le sang avec un faisceau de baguettes, sur lesquelles elle s'attache en filaments élastiques.

Normalement, la coagulation commence à se produire après un laps de temps d'exposition à l'air qui varie de quelques minutes à une demi-heure. Certaines conditions favorisent et accélèrent la production de ce phénomène ; d'autres, au contraire, la retardent et l'entravent plus ou moins.

D'une façon générale, on peut dire que *tout ce qui est favorable à la conservation des globules blancs retarde, tout ce qui provoque leur altération accélère la coagulation du sang.* (Hugounenq).

Les globules blancs paraissent avoir un rôle actif dans la coagulation du sang. On voit, en effet, l'accumulation des leucocytes précéder la formation des thromboses. *Mantegazza* fit, à ce sujet, des expériences nettement concluantes.

De plus, *Alexandre Schmidt*, de Dorpat, a montré que la présence des leucocytes est indispensable à la coagulation.

Les *sels de chaux* augmentent la coagulabilité du sang ; les *oxalates* au contraire, ainsi que les *fluorures* et les autres *précipitants du calcium*, l'entravent ou la retardent notablement. Le *citrate de potasse* a la même action.

Les *peptones*, de par les albumoses qu'elles contiennent, confèrent au sang une incoagulabilité plus ou moins durable ; cette propriété, toutefois, ne se manifeste pas directement *in vitro*, mais seulement après *injection intrà-vasculaire sur l'animal vivant*. L'action anticoagulante des peptones ne s'exerce qu'après le passage du sang à travers le foie.

Le *sérum d'anguilles*, le *lait*, les *diastases*, les *venins*, agissent de la même façon.

Parmi les substances coagulantes, celles qui ont été le plus employées sont : le *chlorure de calcium*, et la *gélatine* qui agit aussi bien *in vitro* que sur l'animal vivant.

Les propriétés coagulantes de cette dernière ont été utilisées en thérapeutique pour le traitement des anévrysmes. Mais cette médication est dangereuse, et a maintes fois donné lieu à de grosses embolies, souvent mortelles.

CHAPITRE IV

BILE

La bile est le produit de la sécrétion du foie. Avant d'avoir séjourné dans la vésicule, c'est un liquide mobile, non filant, d'odeur spéciale, assez clair, de couleur jaune orangé ou verdâtre. Après s'être chargée de mucine dans la vésicule, la bile devient mousseuse et filante. Sa *réaction* est alcaline. Abandonnée à l'air, elle verdit, puis entre en putréfaction.

La composition chimique de la bile, très complexe, est différente quant aux proportions des corps qu'elle contient, suivant que l'on soumet à l'analyse le produit de sécrétion pris dans les canaux biliaires, ou dans la vésicule. Dans ce dernier cas en effet, la bile est plus concentrée, par suite de l'absorption, par l'épithélium de la vésicule, d'une certaine quantité d'eau.

Elle est constituée environ par 83 p. 100 d'eau et 17 de résidu fixe. Ce résidu fixe comprend : de la mucine, des pigments, du taurocholate et du glycocholate de sodium, des savons d'acides gras (palmitique, stéarique, oléique), de la cholestérine, de la lécithine, de la graisse, des sels solubles et des sels insolubles.

Les *réactions de la bile* sont celles que nous avons indiquées à propos de la recherche — dans les urines — des pigments et des acides biliaires : *la réaction de Gmelin* pour ceux-là, celle de *Pettenkoffer* pour ceux ci.

Il est bon, pour la netteté de ces réactions, de diluer la bile dans une certaine quantité d'eau distillée, les colorations étant bien mieux perçues dans un milieu plus clair.

Calculs biliaires.

Les calculs biliaires, de grosseur très variable, présentent toujours une coloration plus ou moins foncée; où une teinte générale verdâtre prédomine.

Leur surface, parfois lisse et unie comme une bille de marbre, présente le plus souvent un aspect *rugueux*, quelquefois même des *aspérités* marquées.

C'est leur migration dans les voies biliaires qui provoque les vives douleurs et les phénomènes réflexes dont l'ensemble constitue le tableau clinique bien connu de la *colique hépatique*.

La plupart des calculs biliaires ont une *composition chimique* mixte. Les éléments qu'on y a le plus souvent rencontrés sont, par ordre de fréquence : la *cholestérine*, les *pigments biliaires*, les *sels biliaires*, de la *graisse*, des *savons calcaires*, des *sels minéraux*, etc.

La *réaction caractéristique* des calculs biliaires est celle qui consiste à déceler, dans les menus fragments provenant de leur pulvérisation, la présence de la *cholestérine*.

Pour cela, on met dans une petite capsule : quelques parcelles de *calcul pulvérisé*, auxquelles on ajoute un peu de *chloroforme*.

On évapore la dissolution ainsi obtenue au bain-marie, et l'on y ajoute ensuite *une goutte de perchlorure de fer* + *une goutte d'acide chlorhydrique*. On agite avec une baguette de verre, et, au fur et à mesure de l'évaporation, on voit apparaître une *teinte violette*, qui passe ensuite au *noir*.

La lithiase biliaire est, avant tout, une maladie de la *femme* (66 p. 100, d'après Bouchard) ; elle se rencontre le plus fréquemment entre 25 et 55 ans.

Toutes les conditions qui ralentissent et rendent incomplètes les oxydations sont des causes puissantes de cholélithiase. Ainsi agit la *sénilité*, et surtout la *mauvaise hygiène* alimentaire et corporelle ; la lithiase est une maladie des citadins, des sédentaires, des gros mangeurs, des obèses, de tous ceux — en un mot — qui absorbent beaucoup et dépensent peu (Chauffard).

CHAPITRE V

SALIVE

La salive résulte du mélange des produits de sécrétion des trois paires de glandes en grappe : parotidiennes, sous-maxillaires et sublinguales, auquel s'ajoute le liquide sécrété par les glandules de la muqueuse buccale, pour constituer la salive *mixte*.

La quantité de salive sécrétée par 24 heures est très différente chez les sujets. Pour l'homme adulte, elle oscille entre 300 et 1500 grammes.

Au cours des *pyrexies*, la sécrétion salivaire est très diminuée. Elle est activée, au contraire, par la *mastication*, la *vue des aliments*, les *nausées*, les *états nerveux* s'accompagnant d'*hyperexcitabilité*, les *mercuriaux*, les *iodiques*, le *jaborandi* (*pilocarpine*). L'excitation de la *corde du tympan* l'augmente ; sa section la tarit.

La salive a une *densité* qui varie de 1002 à 1006.

Sa *réaction*, faiblement *alcaline* normalement, devient *acide* dans les cas de *muguet*, de *phtisie pulmonaire*, *d'ulcère gastrique*.

Voici les principaux éléments qui entrent dans la composition d'une salive normale :

Eau..........................	959.15	(p. 1000).
Résidu sec....................	4.84	—
Ptyaline + albumine..........	2.09	—

Corps gras	traces.	—
Chlorures (de sodium et de potassium)	0.84	—
Sulfo-cyanate de potassium	0.07	—
Phosphate de soude	0.94	—
Sulfates	traces.	—
Chaux, magnésie	0.04	—

La PTYALINE est l'élément le plus important de la salive. Son *action fermentative* est la plus connue : on l'a appelée action *diastasique*. Son activité s'exerce sur l'*amidon*, qu'elle dédouble par hydrolyse, en *dextrine* et *maltose*.

La *saccharification* par la salive est très rapide; elle s'effectue en quelques minutes.

L'amidon *cuit* est saccharifié plus rapidement que l'amidon *cru*.

Si l'on met à l'étuve de la salive additionnée d'un peu d'empois d'amidon, ce liquide pourra, au bout de quelque temps, *réduire la liqueur de Fehling*.

Autre réaction de la ptyaline : Si l'on ajoute, à une petite quantité de salive, de la *mucine* et quelques gouttes *d'acide chlorhydrique*, il se formera un *précipité*.

Pour déceler le SULFO-CYANATE DE POTASSIUM, on opère de la façon suivante : on mélange, dans un tube à essais, du *perchlorure de fer*, de *l'eau distillée* et un peu *d'acide chlorhydrique*.

Si l'on dépose une goutte de ce liquide sur un crachat, on aperçoit immédiatement des traces de *sulfocyanure, rouges*.

La proportion de sulfocyanate contenue dans la salive a pu être évaluée au colorimètre, par l'intensité de la coloration rouge développée par le perchlorure de fer. De 0,07 à 0,10 pour 1000 dans la salive normale, elle peut s'élever, *chez les fumeurs*, jusqu'à 0,20.

RÉACTIONS DES PRODUITS DE DIGESTION DANS LA SALIVE

Au cours d'une digestion, il reste toujours des matières albuminoïdes non attaquées. Il suffit, pour s'en débarrasser, d'ajouter du *sulfate de magnésie* ou du *sulfate d'ammoniaque* à saturation, *à froid*, qui les précipitent. Il reste alors : les *syntonines* et les *peptones*.

Les *syntonines* se reconnaissent à ce que le *ferrocyanure acétique* les précipite à froid, et que ce précipité se redissout à chaud.

De même, en présence de *carbonate de soude* étendu, ajouté goutte à goutte, les syntonines précipitent, pour se redissoudre dans un excès de réactif.

Les *peptones* ne donnent *pas de précipité* avec le *ferrocyanure*, ni avec *l'acide azotique*.

Le *réactif d'Esbach* les précipite à froid, et les redissout à chaud.

Si on essaie avec elles la *réaction du biuret*, il se forme une *coloration rose*, bien différente de la teinte violette donnée par les albuminoïdes.

Quelques médicaments s'éliminent en partie par la salive, dans laquelle on peut déceler leur présence (sels de *mercure*, de *plomb*, d'*antimoine*, *bromures*, *iodures*, *chlorates*). Cartains d'entre eux, le *plomb* et le *mercure* en particulier, peuvent déterminer sur les gencives et le collet des dents un *liséré* caractéristique.

Le *tartre dentaire* n'est que le résultat du dépôt, sur les dents, des sels minéraux de la salive, auxquels s'ajoutent des matières organiques dans la proportion de 20 à 25 p. 100.

ɛamen clinique d'une Urine.

ıbtenait ainsi un précipité, soluble dans ⎱ *Mucine* ou
.... ⎰ *Nucléo-albumines*

cétique = ALBU- ⎱ *a*) Précipité = ... *Globuline.*
le magn. à satur. ⎰ *b*) Pas de précipité = *Sérine.*
:*h* — *soluble à chaud* — Réaction du
.... *Peptone.*

.... ⎱ Coloration *noire à chaud* = ⎱
.... ⎰ ⎬ *Glucose.*
.... ⎰

⎧ α) Coloration *rouge* avec perchlorure de fer = ... *Acétone.*
.... ⎨
⎩ β) *Rien* avec le perchlorure de fer = ... *Chloral.*

.... *Pigments biliaires*

.... ⎱ *a*) Coloration *violette* = ... *Iodures alcalins.*
⎰ *b*) Coloration *brune* = ... *Bromures alcalins*

,........ ⎱ *a*) Coloration *bleue* = ... *Indican.*
⎰ *b*) Coloration *rose* = ... *Scatol.*

⎧ *a*) Coloration *violette*, après addition d'HCL = ... *Acide salicylique.*
.... ⎨
⎩ *b*) Coloration *rouge*, pas de réduction du Fehling = . *Antipyrine.*

.... *Pus.*

ɛ = ... ⎱ 1. *Phosphate ammoniaco-magnésien.*
⎰ 2. *Acide urique.*

ımorphe = *Urates.*

élém. = ⎱ *Cylindres ; Cellules épithéliales ; Globules blancs ;*
⎰ *Globules de pus ; Microbes*, etc.

Résumé synoptique de l'e

Vérifier la réaction de l'urine :

I. — Elle est *alcaline?*

L'acidifier par quelques gouttes d'acide acétique. Si on c
les carbonates alcalins = ...

II. — Elle est *acide :*

1° *Chaleur.* *Acide azotique.* *Réactif d'Esbach.*	A. Précipité *insoluble* dans acide a MINE : Nouv. urine + Sulfate c B. Précipité *par réactif d'Esba* biuret = Coloration rose....

2° *Sous-nitrate de bismuth alcalin*........................

Potasse..

Liq. de Fehling..	Réduction *immédiate à chaud* = Réduction *très lente, inconstant*.

3° *Acide azotique fumant* : Anneaux de Gmelin = ...

4° *Acide azotique + Chloroforme*........................

5° *Acide chlorhydrique + Chloroforme + Eau oxygén*

6° *Perchlorure de fer*........................

Il existe un dépôt :

1° *Ammoniaque + Urine = Liquide sirupeux et filant*

2° *Une goutte du dépôt sous le microscope..*	*a*) Cristau *b*) Poud. *c*) Autres

TABLE DES MATIÈRES

CHAPITRE PREMIER

Urine.

CHAPITRE II

Suc gastrique.

CHAPITRE III

Sang.

CHAPITRE IV

Bile.

CHAPITRE V

Salive.

FIGURES

IMPRIMERIE F. DEVERDUN, BUZANÇAIS (INDRE)

A LA MÊME LIBRAIRIE

André (J. Marc Dr). *Cont. à l'étude des lymphatiques du nez et des fosses nasales.* (Etude anatomique et pathologique), 2e édition, 1905, 7 pl. col. .... 4 fr.

Barthe (L.) (Prof. à Bordeaux). *Tableaux analytiques accompagnés des réactions usuelles des métaux et des acides*, in-4, 1898........ 2 fr. 50

Baraduc (Mme Juliette), Sage-femme, agrégée des Hôpitaux. *Les douze premiers mois de bébé*, in-12 illustré.. 1 fr. 50

Berne (Georges). *Le Massage manuel théorique et pratique*, 3e édition, 152 fig, 410 p., 1905. Cartonné, 4 fr. 50 broché........ 3 fr. 50

Binet (Maurice Dr), de Vichy. *Les Alcalins, leur rôle sur les fonctions de l'estomac, leur emploi dans la thérapeutique gastrique*, in-8, 1905........ 3 fr. 50

Delefosse. Docteur en médecine, rédacteur en chef des Annales des maladies génito-urinaires. *Traitement de la Blennorhagie chez l'homme et chez la femme.* in-12. 3 fr.

Dupouy (Roger Dr). *Les Psychoses puerpuérales et les processus d'auto-intoxications*, in-8, 1904........ 4 fr.

Gallard (F. Dr), de Biarritz. *Quelques recherches sur l'absorption cutanée.* in-8, 1903........ 1 fr. 25

— *Les eaux chlorurées-sodiques et plus spécialement les eaux de la région pyrénéenne*, 1898........ 2 fr.

Gaultry (Dr A.). *Des modifications subies par le pouls sous l'influence de la toux à l'état normal et pathologique.* 43 tracés, in-8........ 3 fr.

Jegou (Dr H.). *L'acidité urinaire, son dosage*, in-8, 1901........ 3 fr.

Lacroix (Mme et M. F.). *Le corset de toilette au point de vue esthétique et physiologique, son histoire*, 43 fig. 1 fr. 50

Nancel-Penard (Dr H.). *Les épithéliomes de la face et la radiothérapie*, in-8, 1905........ 3 fr. 50

Teutsch (Dr Robert). *Morale de l'instinct sexuel. Prophylaxie vénérienne par les maisons de tolérance réformées.* (Etude de clinique). Brochure in-8, 1902........ 2 fr.

Villemin, chirurgien des hôpitaux de Paris. *Dix leçons de bactériologie chirurgicale.* faites à l'hôpital Saint-Louis, in-12, 1898, 420 pages........ 3 fr. 50

Imp. Deverdun. — Buzançais.

www.ingramcontent.com/pod-product-compliance
Ingram Content Group UK Ltd.
Pitfield, Milton Keynes, MK11 3LW, UK
UKHW020309220726
13923UKWH00003B/1032